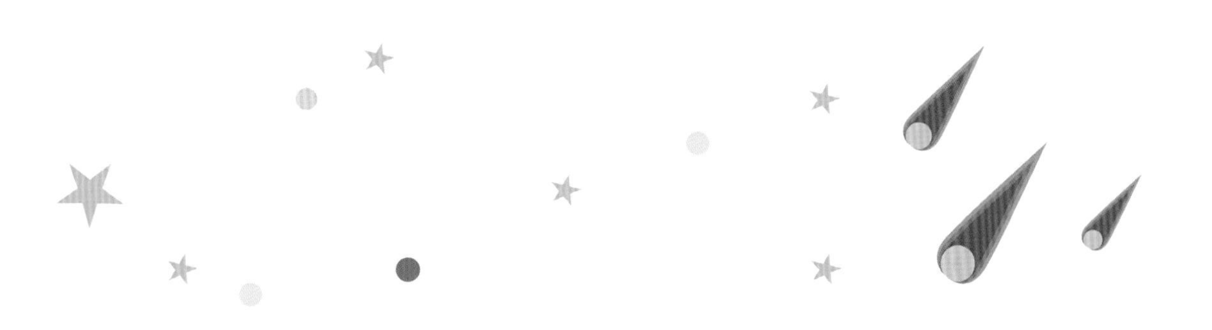

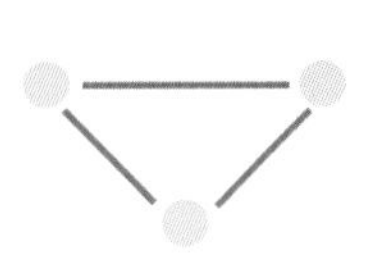

小牛顿 科学故事馆

宇宙的故事

Yuzhou de Gushi

小牛顿科学教育公司编辑团队 编著

北京时代华文书局

给读者的话

探究自然规律的科学，总带给人客观、冰冷和规律的印象，如果科学可以和人文学科搭起一座桥梁，是否会比较有“人味儿”，而更经得起反复咀嚼、消化呢？

《小牛顿科学故事馆》系列，响应现今火热的“科际整合”趋势，秉持着跨“人文”与“科学”领域的精神应运而生。不但内含丰富、专业的科学理论，还以叙事性的笔法，在一则则生动有趣的故事中，勾勒出重要科学发现或发明的时空背景。这样，少年们在阅读科学理论时，也能遥想当时的思维脉络，进而更关怀社会，反省自己所熟悉的世界观，是如何被科学家和他们的时代一点一滴建构出来。

这本《宇宙的故事》，以人类对宇宙提出疑问与思考探究的过程为主，呈现不同时代的人们如何思考与争论关乎我们从何而来、我们生存世界样貌的基本问题。因此，宇宙的故事不只是赢家的故事，那些曾提出有趣想法的人物会轮番登上历史舞台，包括一些被时代淘汰或遗忘的理论；这些不同想法的争论过程是人类展现创造力与知识建立过程的真实写照。

开篇第一章“创造世界的故事”便从古代先民的眼光去看宇宙的诞生与运作，这些想法大多成为神话流传下来。观察不同地区神话的相似或相异之处，我们便能体会环境对人们宇宙观的影响。

接下来，我们循着西方人的脚步，看看不同时代的想法，是怎么形成普遍为人们所接受的宇宙学。第二章“宇宙万物的变化”先谈谈古希腊那些熟悉与不熟悉的哲学家，当他们不再以神明解释自然现象时，又该如何理解宇宙的来源与组成？

第三章“宇宙的中心在哪里”则一改传统视中世纪为黑暗时代的想法，即使由基督教观念主宰，人们仍构思出充满创造力的宇宙观。而在科学革命时代，除了熟知的哥白尼、伽利略与牛顿等科学家的理论，笛卡儿较不为人熟知的涡旋宇宙假说也曾风靡一时。第四章“星云与宇宙演化”虽延续科学革命时代的精神，但是在望远镜的帮助下，18—19 世纪的科学家开始讨论宇宙演化的可能。

第五章“宇宙扩张与相对论”和第六章“宇宙如何演化”则逐步描述现代宇宙学

的建立过程，从解释星云、丈量银河大小到爱因斯坦的相对论与哈勃的观测，到科学家发现宇宙其实在膨胀，而发展出大爆炸理论或与之竞争的稳态理论，以及科学家如何用证据证实大爆炸，使宇宙学成为一门正统的科学。

最后，即使建立了一套完整的宇宙理论，仍有相当多不为人知的秘密，如黑洞、暗物质与暗能量到底是什么，仍等着我们去想象、去发掘。

在今日快速变动的世界里，唯有持续阅读与对不同学科进行思考，才能在时代巨流中找到自己的定位，《小牛顿科学故事馆》系列书籍跨领域、重思考、好阅读，能够帮助少年们了解科学理论的背景与人文因素，掌握科学的本质及运作方式，培养“通才”的胸襟及气度！

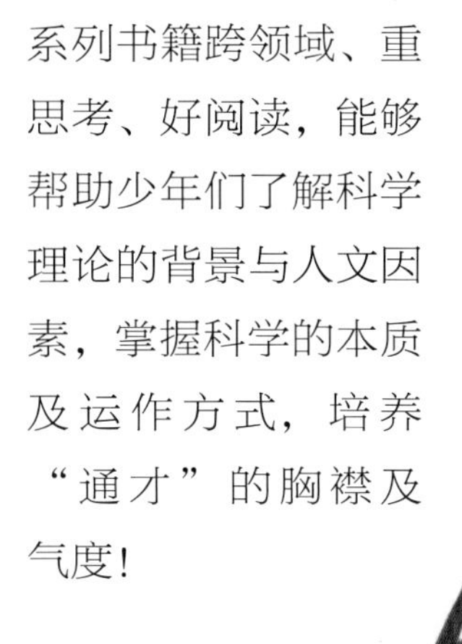

目录

创造世界的故事

古文明的宇宙观

当你抬起头，看着点缀在神秘夜空的星星，是否想问问宇宙到底是什么模样？或是头上这些数不尽的光点究竟从何而来，又如何运行？

著名的英国宇宙学家霍金在《时间简史》的开头讲了一个故事：一位科学家向大众讲解地球如何绕着太阳运行、太阳又如何缓慢绕行银河系中心。一位身材娇小的老太太举手对这位科学家说：“你这都是胡扯，世界是一块平平的板子，由一头乌龟扛着。”科学家笑着回答老太太：“如果真的是这样，那乌龟又站在什么地方呢？”老太太愣了一会儿说：“年轻人，你很聪明。不过，这是一只驮着一只，一直驮下去的乌龟塔啊！”

宇宙由乌龟驮着，我们可能觉得这想法太不可思议，但这就像其他神话，不论是从一片混沌之水中诞生的土丘还是从蛋中孵化的宇宙，或是分开天地的盘古，都是古人运用想象力创造出来的故事；而现代科学家解释宇宙有多大，或是宇宙如何诞生的理论，不也是在说一个个故事吗？

不同时代的人说出不同的故事，这些故事有的被当时的人相信而广为流传，甚至成为后来人创造新观点时的养分；有的故事却因为某些原因消失在历史的洪流之中。其实，不论是古人的神话还是现代宇宙学的理论，都是人类努力尝试回答“我们是谁？又从何而来”这类问题。就让我们从头开始，听听古人是怎么说这些关于宇宙的故事吧，或许有一天我们也可以尝试回答这些问题，构思自己的故事。

西亚宇宙观

现代西亚（伊拉克及叙利亚境内）有两条大河——底格里斯河与幼发拉底河，两条河冲刷出的平原被称为“美索不达米亚平原”。因河水泛滥使得土壤肥沃、适宜耕种，这里因此也被称作“肥沃月弯”，人类最早的城市便在此诞生。尽管两河流域泛滥不稳定，周围缺少天然屏障，自然条件相对恶劣。但它从一开始就是各部族互相争夺的对象，当地人创造的世界之神，大多高高在上、不可侵犯，而且相当残酷。

最早建立大型灌溉系统与城市的是苏美尔人，他们创造了楔形文字，在泥板上刻下了天地分开的故事。不过他们留下的记录并不完整，直到后来巴比伦人统治了两河流域，在七块泥板上刻下了史诗《埃努玛·埃利

创造世界之战

巴比伦人相当尊敬玛督（右），当玛督战胜提阿抹（左）后，除了用提阿抹的身体部位创造世界，也在天空上建造自己的宫殿，并命令其他诸神在大地中央建造一个伟大的城市，也就是巴比伦城。

什》，才有了描述宇宙样貌与创世过程的记载：

宇宙一开始漆黑一片，只有淡水之神阿普苏和咸水之神提阿抹，他们把自己混合在一起，成为太初之水，孕育了许多神祇，其中包括天空之神安努及水神艾亚。这些年轻的神活泼又吵闹，惹得阿普苏相当不高兴，他提议："真希望这里像以前一样安静，不如我们把这些小伙子都消灭吧！"提阿抹不忍心摧毁孩子，希望阿普苏忍耐。众神得知彼此差点一命呜呼，赶紧请艾亚帮忙，艾亚施咒让阿普苏睡着并杀了他，成为众神之首。

艾亚与妻子后来生下力量之神玛督，玛督能操纵风并引起风暴，这样一来反而打扰了提阿抹。新仇旧恨加在一起，提阿抹决定和玛督大战一场。玛督把风灌进提阿抹口中，等到她的身体鼓起来后再一箭射穿。战胜之后，玛督把提阿抹尸体的一半当作天空，唾液成为云朵，尸体另一半则是大地，其中乳房成为山脉。经过诸神的血腥内斗后，世界正式诞生了。

除了宇宙诞生的故事之外，巴比伦人想象大地应该是一块圆盘，周围被河流与海洋环绕，最外面则是无法跨越的高山峻岭，我们生活的世界位于一片如同海洋的宇宙中。高山支撑着多层天界，而每层天界则由不同种类的石头构成。

最早的世界地图

公元前6世纪，巴比伦人在泥板上绘制了一幅目前已知年代最早的世界地图。中间直条状的是幼发拉底河，巴比伦城横跨这条河，周围许多圆形是附近的城市，城市之外是一圈海洋，海洋之外许多三角形则是支撑天空的高山。

在巴比伦人之后，有许多族群相继在两河流域竞争与定居，来自东方伊朗高原的波斯人便是其中之一。波斯人的宇宙观强调善恶二元对立，和其他古代文化的多神观不一样。他们认为，宇宙诞生之前有位时间之神“佐尔文”，他渴望孩子，但又怀疑自己的能力，于是创造出乐观的善神“阿胡拉·马兹达”及困惑又邪恶的恶神“阿里曼”。两神本来互不干涉，但阿里曼羡慕阿胡拉·马兹达居住在光明世界，于是两神之间进行了一场为期 9000 年的战争。

善神阿胡拉·马兹达是波斯人心中创造世界的神，但他必须与恶神阿里曼对抗。图中的阿胡拉·马兹达一手在祈福，另一手则握有代表世界统治权的圆环。

阿胡拉·马兹达利用空闲时间创造了天空、大地、树、动物与人类，他让所有生命包括人类在善恶间自由选择，直到阿胡拉·马兹达在时间的尽头战胜。这套想法后来成为相当有影响力的信仰，也就是祆（xiān）教，甚至延续到现代。

希伯来人则在各地来来去去，从美索不达米亚移居到地中海附近的迦南，后来又进入埃及。和其他强权邻居比起来，希伯来人在政治上脆弱许多，但他们却创造出独一无二的一神宇宙观。

他们认为宇宙由唯一神“耶稣”所创造，他消除天地之间的混沌与虚无，利用六天创造宇宙万物。除此之外，可能因为政治上的弱势，希伯来人特别看重“末世”，他们常常思考自己在宇宙间该扮演什么角色，而将希望寄托于在末日时将到来

中世纪欧洲人画于羊皮纸上的世界创造过程，上帝耶稣拿着标尺丈量并细心创造世界。对中世纪的人来说，上帝创造的世界既和谐也符合几何学，而探寻数学便是崇敬上帝的方式。

从空中俯瞰尼罗河谷就像一株莲花。

的救世主（弥赛亚），他会为所有生灵主持最后的审判。

古埃及人的世界观

根据古埃及人的传说，宇宙诞生之前空无一物，只有汪洋“努恩”。过了很久，汪洋之中突然浮现出一座土丘，上面慢慢长出一株莲花，努恩的水不断淹过土丘、滋养着莲花。

接着太阳神“阿图”自莲花中诞生，他说：“这里没有天、没有地、没有土壤也没有蛇。”于是他打了个喷嚏，风和空气之神“舒”跳出，又吐出一些泡沫成为雨水之神“泰芙努特”。舒与爱抚努特结合后生出大地之神“盖布”及天空之神“努特”。努特与盖布创造了星辰，并结合生下古埃及诸神。然而，舒嫉妒努特与盖布，硬是把他们拆散，于是天地分开，空气在中间流动，成为我们熟悉的世界。

这是古埃及最广为流传的创世神话，努恩的水相

尼罗河日常生活

古埃及文化仰赖尼罗河水而茁壮，灌溉、耕作、捕鱼及放养家畜都离不开河水。

努特、盖布与舒

弓着身子的努特成为天空，侧卧在风和空气之神舒的脚下的是大地之神盖布。

当重要，没有水就没有土丘与莲花，太阳与天地就不会出现。这其实来自古埃及人的生活体验，尼罗河谷是古埃及人的家园。不像两河流域泛滥不稳定，尼罗河每年定期泛滥，带来适宜耕种的肥沃“黑土”，孕育了多彩多姿的古埃及文化。古希腊著名历史学家希罗多德当年走访埃及时，便曾伫立河畔，感受着河水的生命力而叹道：“埃及是尼罗河的礼物！”因此，古埃及人把河水与泥土视为世界的源头便不意外了。

太阳神的旅程

头上顶着日轮的太阳神搭船航行在努特身上，是为白日；夜晚时则进入冥界继续旅程，同行的众神必须协助太阳神克服各种凶险，太阳神才能在日出时顺利复活。

河水也帮助古埃及人想象日月星辰如何运行。尼罗河泛滥稳定又丰沛，就像日升月落一般规律。古埃及人因此创造出一套不断循环的宇宙观，日夜交替就是太阳神乘着船在时间之河上航行，从诞生、死亡到复生的故事：

白天，太阳神从东方地平线诞生，把光明带给大地，随着日间航程攀升，太阳神不断转化成不同形态；傍晚，太阳神在西方耗尽气力而死，进入冥界后，许多神祇陪着太阳神在夜间航行，一起度过无数凶险。最大的考验便是必须击败象征混乱的大蛇“阿培普”，

才能获得力量完成旅程。隔天重新于东方诞生，开始新的循环，就这样日复一日、年复一年，直到永恒。

古希腊与北欧的宇宙观

现在离开西亚与北非的大河文化，让我们来到希腊的爱琴海，这里是完全不同的海洋环境。古希腊由许多城邦组成，每个城邦都有自己的传统与神话。他们的神不像西亚与古埃及的神那样高高在上，或是那么严肃与残酷，古希腊诸神与人类很像，会恋爱也会争吵，甚至引起战争。

古希腊人认为，宇宙一开始什么都没有，只有“混沌”。盖亚（也就是大地之母）从虚无中诞生，她带给所有大地之上与之下的东西生命。接着出现的是夜神尼克斯和黑暗之神厄瑞波斯，只是这时宇宙仍然黑暗、没有声音，直到充满活力的爱神伊洛斯诞生。他在盖亚周遭忙碌地飞来飞去，为一切打理好秩序，光明之神以及白昼神赫墨拉才能顺利诞生，为宇宙带来光以及日夜交替的规律。

后来盖亚生下了天空之神乌拉诺斯，他的蔚蓝身体无边无际，完全覆盖在盖亚之上，没有人可以触摸得到，只有盖亚身上的高山有机会偶尔亲亲乌拉诺斯的身体。天空与大地后来合力繁衍了无数神祇，包括大海、太阳、月亮与风。对充满想象力的古希腊人来说，神话这才刚刚开始，乌拉诺斯将会与孩子泰坦巨人开战，天神宙斯也将出现，古希腊人也添加了不少关于诸神爱恨情仇的神话故事。

如果从日照充足、风光明媚的爱琴海往西北方向走，会发现白日渐渐变短，也看见松树与杉树组成巨大又茂密的树林，阴郁、寒冷的天气常常笼罩着现今德国以北这块地区。如果再走远一点，渡海抵达冰岛，便进入一片冰河与炽热火山共存的严酷世界。或许就是因为在这种环境中生活，北欧人构思出来的创世神话与古希腊神话很不一样，气氛深沉、悲壮，规模相当宏大。

北欧人认为，宇宙一开始什么也没有，只有一团看不出形状的迷雾。后来不知道是什么原因，北方出现一个黑暗寒冷的国度“尼福尔海姆”，完全被厚重的雾霾所覆盖；南方出现的“穆斯贝尔”则是炎热又明亮的火世界。热气在两个世界的交界处使冰融化成水，水中诞生出冰巨人“尤弥尔”。

北欧最重要的神祇“奥丁”便是冰巨人的子孙。奥丁与兄弟为了创造适合居住的世界，联手杀死了尤弥尔，把他的身体当作大地，骨头为山脉，血液为河流、湖泊与海洋，头颅则为天空，接着又把穆斯贝尔的火焰抛入空中成为日月星辰，最后利用梣（chén）树与榆树创造了第一对人类男女。

这个新生的世界由一棵巨大的世界之树支撑着，树根是奥丁与众神居住的国度“阿斯嘉”及冰巨人的家园“尤顿海姆”；树枝中央是中土“米德嘉德”，也就是人类居住的地方，有一座彩虹桥与阿斯嘉相连。树上也住着各种动物，像是树冠的老鹰与盘踞在根部的巨蛇。

北欧神话中最特别的是对世界末日“诸神的黄昏”的描写。爱恶作剧的神“洛基”因为害死善与美之神“巴尔德”而被监禁，好不容易挣脱牢笼，他便率

冰与火之歌

北欧人在中世纪早期已到冰岛居住，许多北欧神话便由冰岛作家记录下来，而故事也反应出冰岛在冰河与火山两种极端环境之下的生活状况。

世界之树伊格卓索

根据冰岛作家的描述，世界之树伊格卓索支撑着九个世界，是宇宙所有生命赖以生存的根源。

诸神的黄昏

北欧神话预言将发生世界末日“诸神的黄昏”，北欧众神与九个世界的所有生灵将展开一场浩大的决战，一切事物都会被毁灭，但宇宙不会完全终结，仍有少数幸存的神及生命将共同开创新世界。

领各路妖魔鬼怪攻入阿斯嘉。这场大战相当激烈与残酷，所有生物都被卷入战火，世间不论善恶都被摧毁。但这不是宇宙的终点，很久以后，大地会再度从海中升起，枝芽会再度茂盛，巴尔德与一些神祇会重生，带领所有生命从头来过。

古代中国与印度的宇宙观

看过西亚、古埃及与欧洲各地不太相同的宇宙观，回头看东亚，你一定很熟悉中国古代盘古开天辟地的传说：盘古靠着无穷的怪力硬是把天与地分开，最后当他知道天地不会再相连而放心地沉沉睡去，身体各部位与五官慢慢变化成日月星辰、山川海洋。

中国在汉代以前也流传几种关于宇宙模样的说法，最古老的是“盖天说”：天空就像一顶圆盖子，日月星辰在其上运行；大地则像一面方形棋盘。随着人们向四面八方探索越来越多的地方，越来越感觉到圆形天盖和方形大地的边缘很难拼合在一起。后来有人灵机一动，说：“天和地应该都是圆的，大地像一个倒扣的碗盘，天空像一顶斗笠。”笠顶是北极，天空以北极为中心旋转。日月则依循自己的轨道运行。古人借着这个说法和一些数学运算，解释了不少天文现象，但仍有很多太阳运行的问题无法解释。

另外一个著名的说法是“浑天说”：天空像一个球壳，如同蛋壳包着蛋那样覆盖着大地；天空外面是气体，内部是水，大地在水上漂流。天空像车轮一样不停滚动，永不停止。浑天说可以解释更多天文现象，但当时的人很难接受大地会在水上漂来漂去，或是日月星辰在夜晚会泡在水里的说法，因此直到唐代，浑天说才逐渐成为中国古代的正统宇宙观。

在宇宙还是一片混沌时，孤独的盘古一直在沉睡，不知不觉中持续累积自己的力量。经过几乎永恒的时间后，盘古才从睡眠中醒来，开始他的创造。

古代印度人对于宇宙如何诞生有很多种说法，但是几乎所有故事都指出，宇宙在开始前空无一物。有些人认为，孔武有力的雷雨神“因陀罗”与巨蛇“弗栗多”展开一场大战，因陀罗最终以秩序取代了空无一物的混沌与混乱。也有些人这么说，宇宙在一片黑暗之后，出现了太初之水和一颗种子，种子变成一颗黄金蛋，创造神“梵天”从蛋中孵化。梵天让光照耀全宇宙每个角落，并且开始冥想：“我想打造一个什么样的世界呢？”就在梵天日夜苦思时，宇宙万物从

盖天说与浑天说

最早的盖天说即是所谓的“天圆地方”；而浑天说认为宇宙是一个球壳，但日月运行都必须在夜晚经过水中。

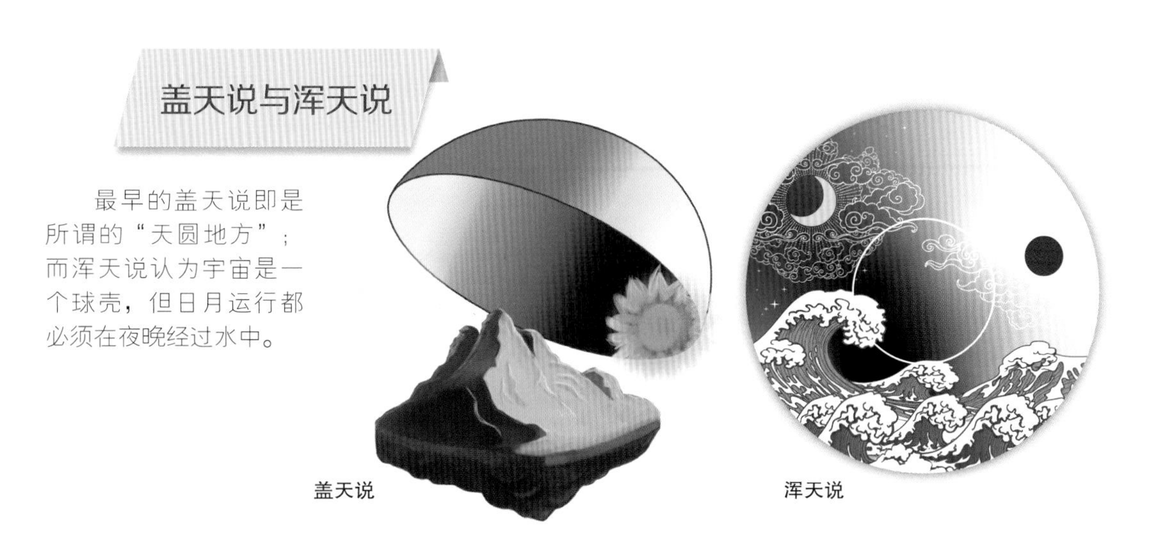

位于现今柬埔寨的吴哥窟建于14世纪，建筑便是根据印度教中的宇宙结构来设计的。例如寺院主体是由三层长方形平台组成，如金字塔一般，代表着世界中心的须弥山；高耸的五座宝塔是须弥山的五座山峰；围绕着整座寺院的护城河则是须弥山周围的海洋。

他的思想中一个个蹦了出来；另外，梵天也不断改变外形，创造出各式各样的动植物。

至于宇宙如何演变，古印度人的想法和古埃及人，甚至是北欧人的想法类似，都认为宇宙是周而复始的循环和轮回。他们相信，梵天的“创造”会不断重复，一个“劫”持续172亿8000万年，最终以“毁灭”结束，但毁灭不是终点，接下来会有14个创造重新开始，宇宙就在创造与毁灭中不断循环。

古印度人相信，在梵天创造的世界中心有座高山，这座名叫须弥山的山和一般山恰好相反，其山顶宽大，越往山底反而越窄，可以支撑天空并隔开天地。须弥山在一个被海洋所围绕的大陆上，周遭还有6个同心圆海洋及6个如甜甜圈一般的大陆。

本章开始时霍金说的那个和乌龟有关的故事，来源很可能是古印度。古印度的《梵书》中记载，宇宙就是一个大乌龟，胸壳是大地，身体是大气，背壳则

乳海翻腾

阿修罗带领众神翻搅乳海是印度教信仰中最精彩的故事之一，图中央须弥山的支脉曼陀罗山，山顶上蓝色的神是主神毗湿奴，他也化身成巨龟鸠里摩，在乳海底部支撑着曼陀罗山；阿修罗站在山的一侧，拉着缠绕曼陀罗山的蛇神婆苏吉的头，蛇尾则由善神提婆拉着，两组人马不断来来回回搅拌着海水，图片最下方是搅动出来的宝物和神灵。

是天空。关于巨龟还有一个说法，据说恶神“阿修罗”尝试搅动乳海，希望找到藏在乳海底部、可以长生不老的甘露。他先把须弥山的支脉曼陀罗山切开作为搅拌棒，七头蛇神“婆苏吉”自愿当作绳索缠住搅拌棒，主神“毗（pí）湿奴”则化身为巨龟“鸠里摩”，在海底支撑整根搅拌棒，让阿修罗可以稳定地搅动，最后甘露还没找着，反而先翻搅出其他珍宝、生物及各种对人类有益的神灵。

美洲宇宙观

我们常听说哥伦布在 1492 年“发现新大陆”，其实这块“新”大陆并不新，早在大约 2 万年前，人类便趁着冰河时期越过西伯利亚与阿拉斯加之间的陆桥，从亚洲抵达北美洲。这一批批人在许多截然不同的环境住了下来，发展出不同的文化，对宇宙从哪里来的问题也有不同的见解。

北美西南部的纳瓦荷族认为宇宙有四个世：一开始是什么都没有、漆黑一片的第一世，四个角落的云柱汇合后创造第一批人类，随着人类对生活的不满与

郊狼是狼的近亲，广泛分布在北美洲。它们除了在纳瓦荷族的创世神话中担当重任，也出现在北美其他文化之中，例如阿兹提克文明。

大洪水的威胁，他们不断往上走，最后在第四世打造圣山、在天空挂上日月，来帮忙的黑暗之神慢慢把其他星辰挂上，没耐心的郊狼在一旁看得不耐烦，把星星全叼来任意往天空一洒成为银河，夜空才成了我们今天看到的模样。

西北部的许多部族认为，宇宙一开始漆黑一片是因为天空之主太自私，把所有的光收藏在盒子里；他总是把玩着藏着光的盒子说："这么美丽的光，只有我能享有。"看不下去的渡鸦灵机一动，化身成松针，趁天空之主的美丽女儿打水时，飘落进入水桶；天空之主的女儿喝了水而怀孕，渡鸦便以婴儿的模样混进天空之主的家中。

天空之主非常疼爱孙子，几乎有求必应。渡鸦因此把天空之主的盒子拿来玩，首先发现一个小盒子中装着星星，趁天空之主不注意就把星星从烟囱口全丢了出去。接着渡鸦又发现了一个盒子，里头装的是月亮，渡鸦故技重施也扔了出去。最后终于发现一个大盒子中装着太阳，渡鸦便变身回鸟，衔着太阳飞了出

纳瓦荷族居住的地方有相当多的山。山不只出现在神话中，有些也成为他们的圣山，象征着大自然的平衡。

去，为世界找回了所有光明。

中南美洲的原住民与北美原住民不同，各部族的人们相继在这里建造了许多庞大而华丽的城市。其中最有名的是兴盛于现今尤卡坦半岛一带的玛雅人，他们精通天文与历法，甚至创造出复杂的文字；玛雅人还有一个特色是很喜爱球赛，有人认为游戏的来源可能是用来象征天体运行的，他们热爱到甚至在创世神话中描述了几场地府里的恐怖球赛。

造物神渡鸦

渡鸦也是北美洲神话常出现的角色。据海达族传说，渡鸦叼着一颗颗石子飞越大海，用这些小石子创造日月星辰；渡鸦也创造了第一批人类。此图的木雕便是描绘渡鸦拯救被蚌壳夹住的第一批人类的故事。

传说宇宙刚诞生时，海神和天神想造人，但每次都失败，只能造出鬼吼鬼叫的动物，即使他们向先知询问方法都没成功。先知有一对年轻气盛的双胞胎，因为太吵闹而惹火地府诸神，于是地府诸神邀请他们进行一场球赛，比赛还没开始，双胞胎就落入陷阱而死。

即使被砍了头，双胞胎之一的头颅还是吹了口气，让一位地府女孩怀孕，又生下一对双胞胎。这对兄弟像他们的父亲一样，参加了地府诸神的球赛，但是这次他们有计谋、有胆识，连闯无数凶险关卡，最后用计击败地府诸神，战胜死亡并升上天空成为太阳和月亮，并且用鲜血与玉米团成功揉出了最早的人类。

世界之树

全世界许多文化都把宇宙想象成一棵大树，就和北欧人一样，中美洲的玛雅人也有一棵“世界之树”，树根位于双胞胎曾闯进去进行球赛的地府，树的顶端则是天上世界。

宇宙万物的变化
古代的哲学宇宙观

古希腊的自然哲学家

如果你回到过去，来到了一个古希腊城市，除了拜访宏伟的神殿，一定不会错过“安哥拉”，也就是希腊语的“广场”。安哥拉是古希腊人的生活中心，由柱廊、神殿与商场组成。你会在这里看到叫卖的商人与顾客，正为了从外地进口的手工艺品讨价还价，也会看到一群群小孩子捧着泥板，在角落里边听老师讲课边做笔记。

安哥拉里少不了激烈辩论的人，有人在争执前一天刚结束的议会选举或议员的八卦，也有人在交换最

雅典的古安哥拉遗址

安哥拉是古希腊人日常生活的重要场所，这里可以是展示最新商品的市集、政治人物辩论的舞台，也可以是哲学家彼此讨论与教学的教室。

新的商贸情报，例如上个星期某艘到意大利南部的商船意外沉没。当然，也有人在安哥拉讨论“宇宙由什么组成？怎样组成？又如何运作”等问题。这些人就是最早的古希腊哲学家，他们不太相信盖亚、宙斯那些希腊诸神，他们运用生活中的经验与理性的思考，尝试回答关于宇宙与存在的问题。

哲学的诞生

阿那克位于现今土耳其爱琴海沿岸的古城米利都，是古老的希腊城邦，出现于荷马史诗《伊利亚特》中，后来建立了许多海外殖民地。三位自然哲学家泰勒斯、阿那克西曼德及阿那克西美尼皆出自此城，被称为米利都学派。图为从米利都剧场看出去的古城遗迹。

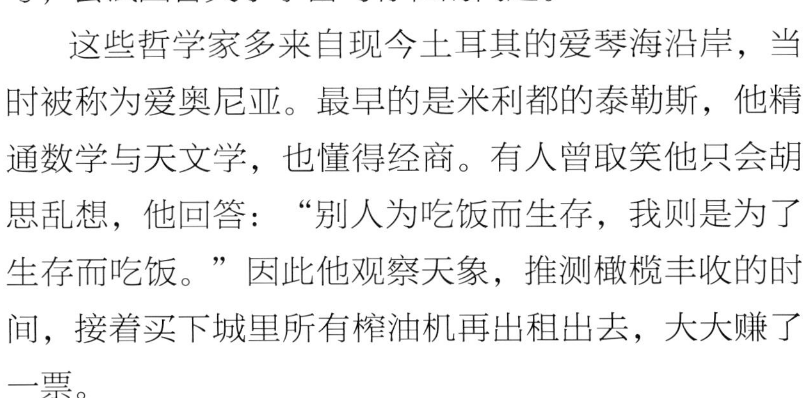

这些哲学家多来自现今土耳其的爱琴海沿岸，当时被称为爱奥尼亚。最早的是米利都的泰勒斯，他精通数学与天文学，也懂得经商。有人曾取笑他只会胡思乱想，他回答：“别人为吃饭而生存，我则是为了生存而吃饭。”因此他观察天象，推测橄榄丰收的时间，接着买下城里所有榨油机再出租出去，大大赚了一票。

泰勒斯观察大自然时，体会到宇宙万物不断在改变，其中是否有不变的本质？他推测：“宇宙的起源是水。”因为万物赖以生存的是水，水也能变成固体和气体。他相信，大自然之所以不断变动，是因为万物具有充满神性的生命力。泰勒斯也曾去埃及旅行，跟当地人学习如何测量金字塔的高度。古埃及人的宇宙诞生神话可能影响了他：泰勒斯想象地球就像木片漂浮在水上，或像是一株从水中长出的植物。

阿那克西曼德是泰勒斯的学生，他不同意老师的想法，他认为宇宙的起源是某种“未知的东西”，这种东西无穷无尽，包围一切也创造一切。未知物一开始先分出热与冷，冷的成为地球，热的成为地球周围的火环，也就是日月星辰；而地球应该是圆柱体，我们都住在柱顶的平台上。而万物之所以会变动，阿那克西曼德觉得是因为有未知物在维持平衡，例如夏天

米利都学派三位哲学家

泰勒斯（公元前 624 年—公元前 546 年）创立了米利都学派，是古希腊著名的科学家和哲学家。

阿那克西曼德（公元前 610 年—公元前 545 年）是米利都泰勒斯的学生。

阿那克西美尼（公元前 585 年—公元前 525 年）认为气体是宇宙万物的来源。

太热就会慢慢变凉进入秋天，到了冬天太冷又会逐渐暖和起来。

米利都还有一位哲学家是阿那克西美尼，他的想法不像泰勒斯那么明确，但也不像阿那克西曼德一样虚无缥缈。他观察到，我们呼出的气是温暖的，吸的气则是冷的，冰雪融解时也会出现泥土，因此他推测宇宙源头是“气”，稀薄的时候成为火，聚集在一起时形成风与水，甚至泥土和石头。地球就像一片扁扁的叶子在气中飘浮。

宇宙万物的变化与原子论

三位米利都的自然哲学家仍相信神性与未知，但他们都同意，宇宙万物可以由一种简单又常见的物质组成，这已经与以前世界由神创造的想法很不一样了。现在知道了源头，但万物如何从一种东西变成另一种？大约在公元前 500 年，有位来自意大利南部的哲学家叫巴门尼德，他开始思考这个问题。

巴门尼德居住在爱利亚城，这是当时非常有名的哲学之城，培育出许多大哲学家，也有以该城市为名的哲学团体——爱利亚学派。巴门尼德是该派的核心人物，他除了谈哲学，也是一位诗人、医生与政治家，他曾说过：“当我在黑夜中孤独地走着，最后幸运获得女神的教导，才顿悟真理。”他认为宇宙万物一直都存在，没有诞生也没有消失，根本不会真的改变，我们以为万物在改变，其实是眼睛、耳朵这些感官创造的幻象。

如果说爱利亚城的哲学家像诗人，那么在同个时期，来自米利都附近的哲学家赫拉克利特则不太一样，他出身贵族，但个性孤僻，说的话常让人一头雾水。他的想法和巴门尼德恰恰相反，他认为宇宙随时都在改变，所有事物不断流动，也彼此对立；而“火”是一切的源头，火创造海洋，海洋创造天体及大地，土壤会变成水、空气，最后空气再变成火，完成自然的循环。

现在，对古希腊人来说，水、空气与火都可能是宇宙万物的来源，哪个说法才正确呢？西西里岛的哲学家恩培多克勒综合大家的说法，认为宇宙不是来自一种元素，万物是由土、气、火、水四种元素以不同比例结合或分离而成——就像画画时调颜料，红色多一点、黄色少一点，或是红色少、黄色多，可以创造出不同的色彩——“爱”让四种元素结合，“恨”则让它们分离。

他想象最初宇宙是颗球，接下来便是爱与恨互相主宰的四个时期，万物诞生又消失，不断循环轮转。恩培多克勒的死因充满传奇，有人说他就这样消失在地球上，也有人谣传在火山口看到他的鞋子，据说他为了证明自己是神而跳入火山。

后来有些哲学家开始主张宇宙是由无数不可见的小粒子组成，万物都可被分割成更小的部分。各式各样的想法到了德谟克利特这里终于集为大成，开创了“原子论”。他是一位博学的哲学家，精通物理、数学、音乐与伦理学各个领域。他同意之前哲学家的想法，认为没有东西可以无中生有，也没有东西被摧毁，每样东西都是由微小的“原子”组成。

原子多到数不清，各有不同的形状与大小；无数原子就像是光线下的灰尘，在什么都没有的空间中漫无目的地游荡，彼此碰撞成为宇宙中的星体，再慢慢分解回原子。和其他哲学家的想法不同的是，德谟克利特认为万物的结合与分

赫拉克利特

赫拉克利特（公元前540年—公元前480年）是古希腊爱菲斯学派的创始人，他认为火是万物的起源。

基本元素

恩培多克勒把宇宙万物视为四种基本元素的分解与组合，这个观念也在欧洲持续很长一段时间。下图的四个圆圈分别代表四种基本元素：火、水、土、气。四元素必须仰赖爱与恨来结合与分开。

离不靠神、不需要爱或恨，只靠原子的移动与碰撞。

这套原子论在之后两三百年并不流行，直到 17 世纪才开始被欧洲自然哲学家重视。

古希腊三哲的理论

现在常称苏格拉底、柏拉图与亚里士多德为古希腊三哲，他们刚好是老师与学生的关系，师徒三代以雅典为中心教学、讨论哲学思想。当时正逢雅典成为古希腊的中心城市，民主制度也在这时诞生，因此他们与以前探讨自然循环与变化的哲学家不同，他们更关心人生的意义以及人如何追求真理。他们的想法对西方世界有相当深远的影响，柏拉图与亚里士多德的宇宙观更成为接下来一千年欧洲人认识世界的核心观念。

苏格拉底本人没有留下著作，关于他的故事我们大多是从柏拉图那里听来的。苏格拉底没有特别在意宇宙如何诞生或演变，但他强调问“为什么”的重要性，并相信人可以运用内心的“理性”去寻找答案。他认为哲学家就像产婆一样，要帮助人们从内心“生出”真正的知识，而他自己本身则一无所知。他常和弟子说：“我唯一知道的事，就是我什么都不知道。”

如积木一般的原子

德谟克利特心中所想的原子和我们现在所知的原子很不同，德谟克利特的原子像积木，有各种形状与大小，彼此才能组合在一起，而每个积木原子都不能再拆开了，这也是原子（atom）在希腊语中的本义——不可分割。

德谟（mó）克利特

德谟克利特（公元前 460 年—公元前 370 年）是古希腊的哲学家，提出了“原子论”。

苏格拉底之死

痛恨苏格拉底的人诬赖他“宣扬新神明、腐化年轻人”，在审判时提出，如果他向陪审团认罪求情或同意离开雅典，便能免于一死，但是苏格拉底坚持自己是凭着良知做事，也不愿因为自己的名气破例而坏了法律，于是他泰然自若地喝下毒药，死前只对朋友说：“我还欠医神一只鸡！”反而把死亡视为大病痊愈。

柏拉图受到老师求知的方法影响很深。他出身雅典名门，接受完整的知识分子教育，对各领域都有涉猎。他年轻的时候热衷政治，也曾有机会与其他人一起统治雅典。有一天，柏拉图在雅典街头看见被路人嘲笑的苏格拉底，本来他不当一回事，但他仔细听了苏格拉底的讲话，乍听之下的胡言乱语，其实充满着智慧，于是他投入苏格拉底门下，相信追求哲学才能通向真理。

柏拉图最重要的著作是《对话录》，内容包罗万象。他在其中一篇《蒂迈欧斯》里提出自己的宇宙观，他不同意德谟克利特那种只靠原子碰撞生成宇宙的想法，他认为宇宙是由一位叫“德米奥吉”的工匠神所打造，这位工匠神仁慈又理性，根据内心的理性，把原始物质塑造成最完美、真实且有秩序的宇宙万物。

柏拉图还认为四元素只是由不同的几何图形变化而来：火是最尖锐的四面体，气是八面体，水是二十面体，土最稳定所以是立方体，十二面体最接近圆形，代表整个宇宙。柏拉图也提出一个精致的宇宙模型，他说地球是球形，由一个大大的天幕包围着。他描述了天幕上的各种圆形轨道，各代表了太阳、月亮和行

柏拉图

柏拉图（公元前429年—公元前347年）与苏格拉底、亚里士多德并称为古希腊三哲，著有《对话录》。柏拉图认为地球是球形，由一个大大的天幕包围着。

上图为《对话录》中《蒂迈欧斯》篇

多面体宇宙

柏拉图把四元素和宇宙看作各种多面体的想法也影响了16—17世纪的德国天文学家开普勒。开普勒为了解释行星彼此距离不同，在每颗行星运行的天球中间放了一种正多面体，以这张图为例，最外围的土星天球与木星天球之间是正六面体，木星与火星之间则是正四面体。

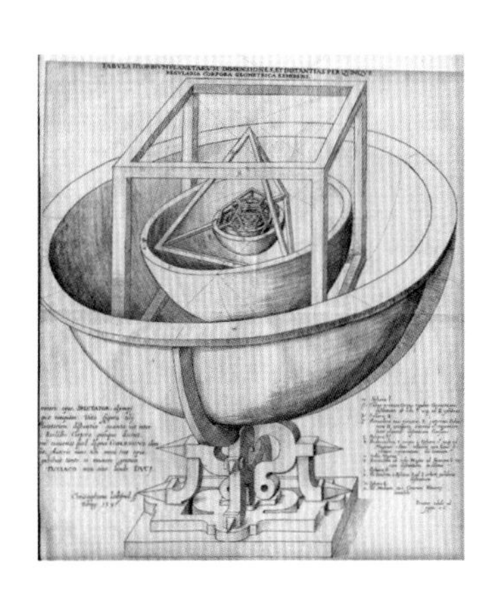

星的动作路径。

柏拉图虽然谈神，但不是以前那种性格阴晴不定、难以预测的古希腊诸神，柏拉图谈神是为了说明宇宙可以预测，并解释宇宙具有合理性与秩序。

亚里士多德的宇宙

柏拉图在苏格拉底死后到各地旅行了 12 年，40 岁时回到雅典，设立了欧洲第一所学院。学生在这里可以研究哲学、数学、天文学或音乐等各种学问，而且学生来自各地，最有名的便是来自马其顿的亚里士多德。

亚里士多德在柏拉图学院待了 20 年，在柏拉图死后，他回到马其顿担任王子的老师，这位王子就是后来

雅典学院

15—16 世纪的欧洲文人与艺术家非常向往古希腊、古罗马时代，下面这幅壁画是由意大利著名画家拉斐尔所绘，他让古代哲学家、科学家与艺术家全在画中的雅典学院登场，正中央便是两位雅典最重要的哲学家，披蓝袍的是亚里士多德，他右边手指向天的大胡子则是柏拉图。

征服波斯，甚至抵达印度的亚历山大大帝。亚里士多德比柏拉图更重视人类感官，因此他观察大自然，喜爱研究青蛙、鱼等生物，也观测云、大气与夜空中的星象。

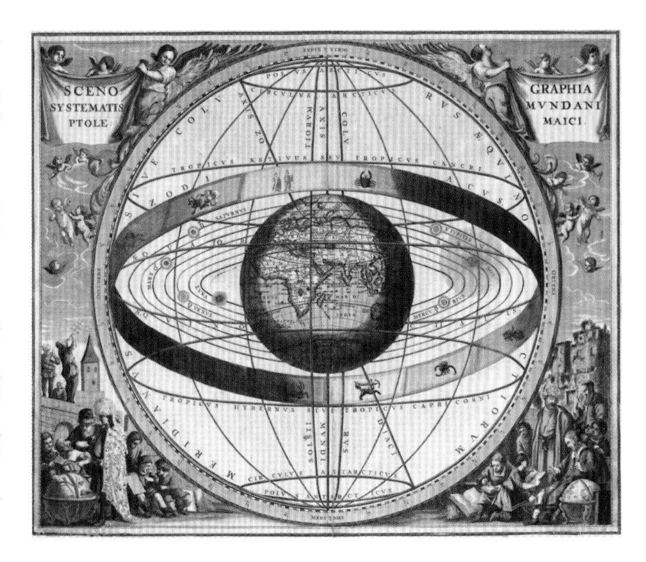

球层宇宙

上图为 17 世纪所绘的亚里士多德式的宇宙，地球在中心，外围是月亮、太阳和当时已知的五颗行星，最外层则是天空中所有恒星。

亚里士多德经过多年的观察与思考，完成了一套非常丰富详细的理论，他认为宇宙是一颗多层的球，中心是地球，外围则是一层一层天球，每一层有一颗天体。他以月亮的上与下把宇宙分成两个区域，月下区是地球及月球下的大气，这些都由土、水、气、火四元素组成；四元素各有冷、热、干、湿的特性，可以互相组合产生不同变化，例如冷水加热会变成气，火变冷、变干就会成灰（也就是土）。土和水较重，喜欢聚集在宇宙的中心，也就是地球；气和火很轻，喜欢飘到比较高的地方。

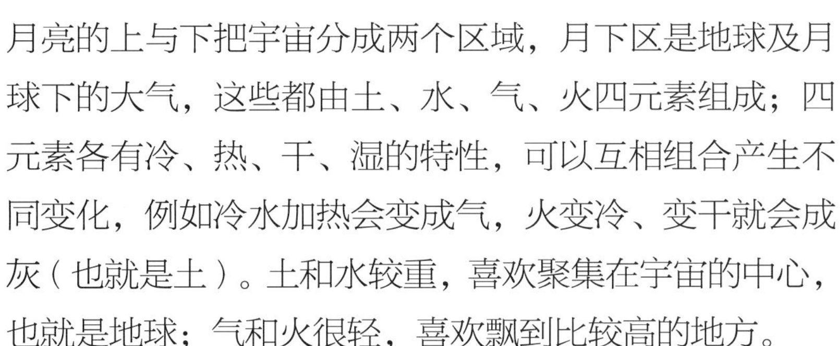

月上区完全不一样，这里是完美的恒星与行星的所在地，这些星星沿着每层天球做圆周运动（以前的人认为“圆”没有棱角、没有开始与结束，是最完美的形状）。月上区的东西由第五元素“以太”所组成。还记得德谟克利特曾说原子是在什么都没有的空间中游荡吗？亚里士多德完全不相信原子，他认为每层天球紧紧地贴在一起，完全没缝隙。因此到底有没有“真空”的问题，也一直持续到 17、18 世纪欧洲的科学革命。

在亚里士多德的理论中宇宙稳定而且永远存在，他质疑那些宇宙是从什么都没有突然诞生的理论：“假如宇宙在某个时间点诞生，那为什么是这个时间而不是其他时间？”

虽然亚里士多德认为宇宙规律不变，但是他却生

跨越欧亚的流星

亚历山大年轻时在家乡马其顿的宫廷接受亚里士多德的教育，当上国王后继承父亲的愿望开始东征西讨，打败强大的波斯帝国而一举成名，最远曾抵达印度河。在这些陌生的国度，亚历山大建立起一座座以他为名的城市，东西方文化因此交流融合。但是功业来得快去得也快，亚历山大在回程中病死，他的帝国不过十几年便分崩离析。

芝诺

季蒂昂的芝诺（公元前335年—公元前263年）是斯多葛学派的创始人。比起提出惊人的宇宙观，斯多葛学派更着重人的生活与德行。

活在变动剧烈的时代。他离开亚历山大大帝后回到雅典，创办了自己的学校。亚历山大也展开他的征途，短短几年征服了欧亚大陆，但马其顿帝国也因为他突然病逝而快速瓦解，雅典的反马其顿风暴使亚里士多德只能再次离开这座城市，在马其顿驻军地度过人生最后的时光。

古希腊时代的宇宙观

亚历山大大帝一路东征，把古代希腊文化带到世界各地。同时古希腊受亚历山大帝国统治，城邦不再独立，各地常发生动乱，人们生活改变非常大，因此对人生感到怀疑，希望通过更了解宇宙的奥秘来获得心灵的平静。

其中一位哲学家芝诺，他年轻时是一位对人生感到茫然的商人，在一次运送染料的途中遇到船难而来到雅典。他借宿在一位书商家中时，听到老板正在朗读一本哲学书，内容让他深深着迷，芝诺就问老板："哪里可以遇见懂这些知识的人？"

说巧不巧，当时雅典著名的哲学家克雷兹恰好经过门前，老板于是指着窗外："去找他吧！"从此芝诺便跟着克雷兹投入哲学研究，后来他常在安哥拉的柱廊（希腊文为"stoa"）间讲学，他开创的学派便称为"斯多葛"学派。

斯多葛派受赫拉克利特的影响很深，相信"火"是宇宙的根源，能使万物改变，最终会点燃一场烧毁一切的大火。这场火并不激烈，不是轰然一声、毁灭所有东西的大爆炸，他们认为燃烧的过程非常缓慢，几乎无法被发现。但这场大火不是世界末日，而是开启新循环的机会，宇宙就是一颗不断扩张又收缩的循环大球。

除了思考宇宙理论的哲学家，这时还有许多古希腊天文学家像巴比伦天文学家一样重视观测与计算，希望让观测的行星运动与亚里士多德的球层宇宙模型吻合。他们为每颗行星额外加上许多互相影响的球层，这样才能解释行星为什么有时会看上去在倒退；甚至有些人提出更复杂的“本轮－均轮”模型，行星不再直接绕行地球，而是位于一个本轮轨道上，本轮的圆心再沿着均轮轨道绕行地球。

这些天文学家中最有名的是罗马帝国时代的托勒密，我们对他的生平知道得不多，不过他写的《天文学大成》是影响接下来 1400 年欧洲，甚至伊斯兰天文学家最重要的著作。他采用“本轮－均轮”模型，但是小心地把地球从宇宙中心稍稍移开，所有天体也不用等速度运行，只要在另一个“偏心点”看起来等速便可。

托勒密的修正非常有效，使天文学家预测天体位置的计算空前准确，只不过地球不在中心、行星运动不等速这两个想法违背了古希腊天文学一直遵守的信念，也埋下了改变未来这套理论、掀起科学革命的种子，不过那是很久很久以后的事了。

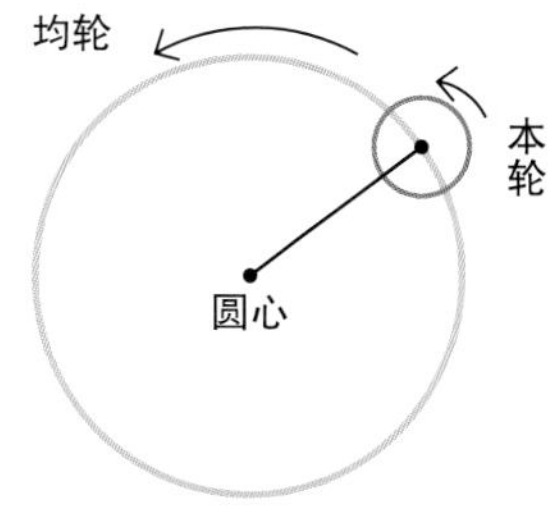

“本轮－均轮”模型

古希腊人一直坚信天体是以等速圆周运动来运行，而为了解释观测到的行星逆行现象，天文学家阿波罗尼奥斯（大约公元前 200 年）提出了“本轮－均轮”的模型，行星在较小的“本轮”上等速运行，其圆心在另一个较大的“均轮”上等速转动，地球则位于中心。通过两个圆之间的相对运动，地球上的人便有机会看见行星逆行。

托勒密天体模型的修正

托勒密在研究占星术的时候发现，利用“本轮－均轮”模型计算行星位置仍不精确，因此他想出一个新办法，也就是把地球稍微偏离均轮的圆心，其他行星也不以等速绕行地球，只要在地球对面、与地球到圆心的距离相等的一个“偏心点”上看起来是等速圆周运动即可。托勒密的天体模型计算起来准确又方便，在接下来的 1400 年无人能出其右。

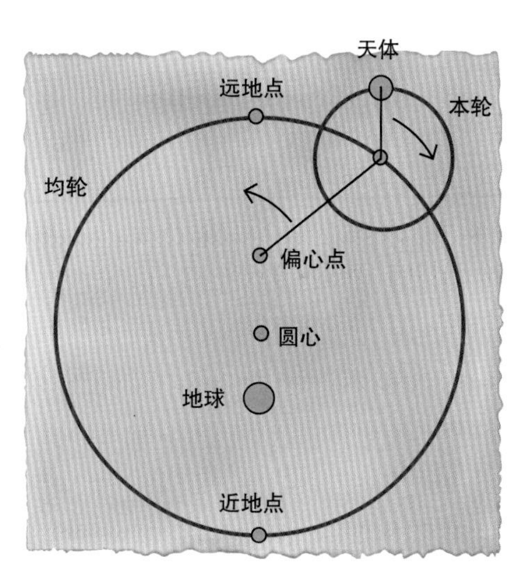

宇宙的中心在哪里
中世纪与科学革命时代的宇宙观

中世纪的宇宙观

全盛时期的罗马帝国版图包围整个地中海，但在公元 4—5 世纪因为战乱与不稳定逐渐瓦解，大部分哲学和科学书籍也因此消失。刚兴起的基督教会接下传承古希腊、古罗马知识的灯火，教士们搜集、保存与研究古代哲学、文学、科学及工艺技术，努力使这些宝贵知识与基督教世界观结合。

即使如此，许多知识仍失传了，直到 10 世纪后，通过贸易与战争，欧洲人才从阿拉伯人那边得到许多伊斯兰

罗马帝国

古罗马人把分崩离析的亚历山大帝国又一步步组合在一起，到了公元 2 世纪已成为当时与东方汉帝国相当的大帝国。热爱古希腊的古罗马人也把古希腊文化传遍帝国境内。

学者保存与翻译的古希腊经典著作，重新认识柏拉图、亚里士多德与托勒密的著作。

13 世纪的意大利学者托马斯·阿奎纳相信，哲学与神学都能通往真理，因此努力结合亚里士多德的宇宙观与基督教世界观。这两种想法当然有不少冲突，比如亚里士多德认为宇宙永远存在、有边界，外头没有任何东西及时间，基督教则相信宇宙是上帝创造的。

另外，亚里士多德认为月上区天体是由以太组成，没有摩擦，运动完全不费工夫，但是谁，或什么原因让这些天体开始运动？基督教认为是上帝，但上帝也必须为每颗天体指派一位天使，永不停止地推动每颗天体。14 世纪的学者布里丹觉得《圣经》里根本没有提过这种天使，反之，如果上帝一开始对每颗天体施加一个“冲力”，天体便能永远运动。

中世纪的世界观虽以亚里士多德与基督教神学为主，但是人的理性与好奇心仍创造出各式各样的宇宙观：13 世纪的学者想，上帝若创造了其他宇宙，会怎么样？也有学者说，宇宙可能曾经创造又毁灭、不断循环，或是像俄罗斯套娃——一个宇宙套着一个；还有人认为，可能有很多彼此不知道却同时存在的宇宙。

特别是 13 世纪英格兰学者格罗斯泰斯特，他根据亚里士多德与神学，提出一套独特的创世论，认为宇

两种思想

上图是 15 世纪的画作，图正中央把书朝向我们的是阿奎纳，他努力把古希腊哲学与基督教神学结合在一起，他左右分别是柏拉图与亚里士多德；图最上方是正在称赞阿奎纳的耶稣；阿奎纳脚边则是他不喜欢的著名阿拉伯科学家伊本·鲁世德。

宙万物最基本的是“光”：宇宙诞生自一场光的大爆炸，接着撑开成为一颗圆球，并且一直向外胀大，万物则由光不断叠在一起才有体积；直到这颗宇宙球大到不能再大，最外层会向球心发射另一种光，内部物质受光推挤，最后形成一层层天球以及我们熟知的行星和恒星。

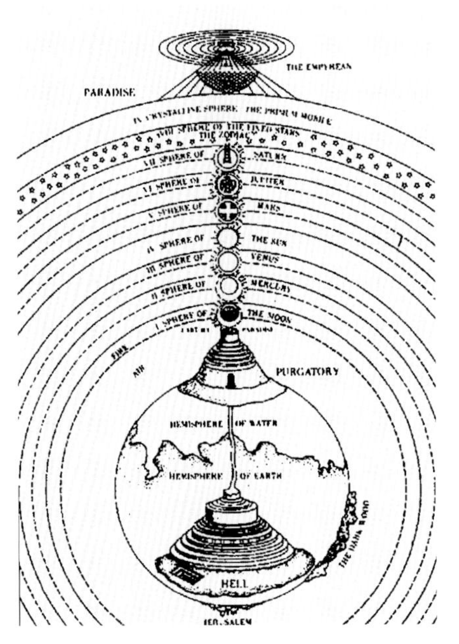

神学宇宙

但丁是13—14世纪意大利著名诗人，他在著作《神曲》中描述过基督教神学的宇宙，地球内有地狱和炼狱，恒星天球外则是天堂。

宇宙观革命：哥白尼的日心说

即使中世纪学者激烈地讨论该怎么用基督教神学解释托勒密的宇宙模型，或还有什么其他可能，但不可否认，对当时的天文学家及占星家来说，托勒密的模型非常好用，想预测行星哪一天出现在哪里时非常准确——虽然“偏心点”的问题让很多人心中不踏实，甚至有学者曾说：“连大自然都讨厌偏心点！”

1543年，波兰天文学家哥白尼在过世前于病床上捧着他刚印好的著作，这是他的好友急匆匆拿来的《天体运行论》。哥白尼在这本毕生心血结晶中提到一个被遗忘很久的理论“日心说”：对调太阳与地球的位置，太阳从此成为宇宙中心，地球和其他行星绕着太阳运行。这个模型从此改变了西方人对宇宙的认识。

其实古希腊学者阿里斯塔克就提过类似的想法：“固定不动的是太阳与恒星，地球不仅绕着太阳运行，自己也会转动。”只是他的理论不受重视，直到哥白尼重新提出。现在，一些困扰天文学家很久的问题，

罗伯特·格罗斯泰斯特

格罗斯泰斯特（1175—1253）是13世纪英格兰政治家、哲学家、神学家和林肯主教。

如行星的排列顺序、运行周期，用日心说一看便能清楚地了解。

欧洲人读到《天体运行论》时哥白尼已经过世，哥白尼在决定出版这本书前相当迟疑，因为如果相信日心说，就代表1000多年来大家相信、经过教会认可的地心宇宙不正确。哥白尼不止一次问他的好友，同时也是他的学生雷蒂库斯："我真的该出版这本书吗？"雷蒂库斯却始终鼓励老师把研究公诸于世。

甚至，负责监督印刷的牧师欧西安德为了保护哥白尼，避免受到攻击，偷偷在书中加上一段前言："作者并不是说地球真的绕着太阳转，这只是为了数学计算方便而做的假设。"

《天体运行论》出版后的确没有造成太大轰动与议论，直到半个多世纪后才由布鲁诺、开普勒与伽利略等人把这个革命性的想法传播开来，甚至有人激烈到献出生命。

尼古拉·哥白尼

哥白尼（1473—1543）是波兰的数学家、天文学家。哥白尼于去世那年出版《天体运行论》。他在书中画出日心模型，宇宙的中心是太阳，其他几颗当时人们所熟知的行星（包括地球）都绕行太阳。

无限宇宙与伽利略的望远镜

哥白尼的宇宙观看似激进，但他也像古希腊人一样，相信整个宇宙是颗大球，所有恒星所在的最外层天球就是宇宙的边界。但现在既然地球会转，我们看到恒星像太阳一样东升西落便是因为地球自转，不需要特别加上一个转动的恒星天球。

这样一来，宇宙是不是还有边界呢？此外，当哥白尼认为地球并不特别，都是与其他行星一样绕行太

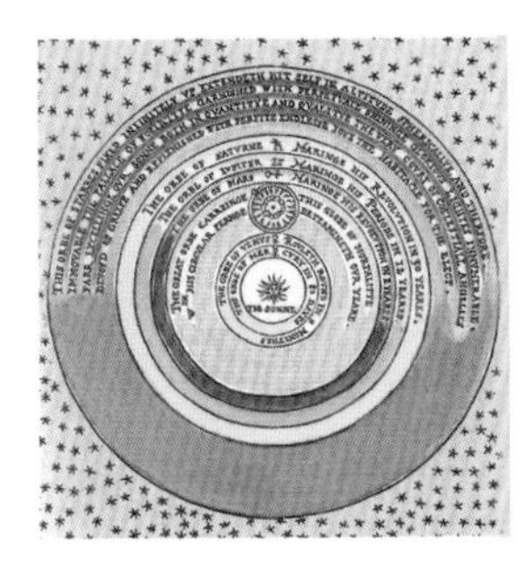

迪吉斯的无限宇宙

16世纪英国数学家迪吉斯在修订父亲的著作《永恒预言》时，加入一篇介绍天体运行的文章，并附上上面这张图。图中恒星虽然摆满土星之外，但迪吉斯认为，恒星之外还有天体。

穿越宇宙边界

布鲁诺曾写过一首十四行诗，表达他的雄心壮志，其中有几句便是描述类似下图的景象：“我展开自信的羽翼飞入空中/我不畏惧一切阻碍/我划开天穹，飞升至无限”。

阳时，地球独一无二的地位便消失了。

最先介绍这些想法的是英国天文学家迪吉斯，他在修订父亲的天文书时，加入一张哥白尼的宇宙模型图，图中除了把太阳和地球位置对调，甚至舍弃了恒星天球，让恒星遍布于土星轨道之外。但把哥白尼的宇宙边界打破的是意大利教士布鲁诺。

布鲁诺在欧洲各地努力宣传日心说，也相信宇宙无限大、没有中心、没有边界，还有无数和我们地球一样的行星绕着各自的恒星转，我们也不是宇宙中唯一的生命。很不幸，到处宣扬这些理论的布鲁诺，被教会审判为异端邪说而处以火刑。据说他始终坚持自己的理论，被判刑时还大喊：“法官大人判刑时好像比我更恐惧！”

布鲁诺的确率先推广日心说与无限宇宙，但他的理论仍有许多神秘难解的想法，无法以一般人的日常经验去证实。真正让哥白尼的模型被科学界接受的是带着自制新玩意儿——“望远镜”——来到威尼斯的伽利略。

伽利略的家人本来希望他学医，但他对数学更有兴趣。最后他放弃医学，开始在意大利的比萨大学和帕多瓦大学教数学。1609年夏天，他刚好来威尼斯，听说荷兰有人把一根圆筒和两片玻璃组合在一起，就能让很远的东西看起来很近。伽利略很好奇，他在仔细查证与实验后，制造出一架八倍率的望远镜，引起威尼斯人的惊叹，也因此成为佛罗伦萨统治者的专属数

伽利略与望远镜

伽利略利用自己改良的折射式望远镜，看见了月亮表面，也看见更多恒星，还发现了木星的卫星。

学家。

伽利略透过他的望远镜，看见从古至今没有人看过的宇宙，他看到更多的恒星，发现银河其实是由无数恒星所组成。他也看到月亮一点也不像亚里士多德描述的那么完美，表面凹凹凸凸，甚至还有高山和裂谷。他更发现了木星的四颗卫星，证实地球不是唯一有卫星的行星。这些发现一一粉碎了亚里士多德和托勒密的宇宙观，以及其他任何维护地心说的理论，也

图 1

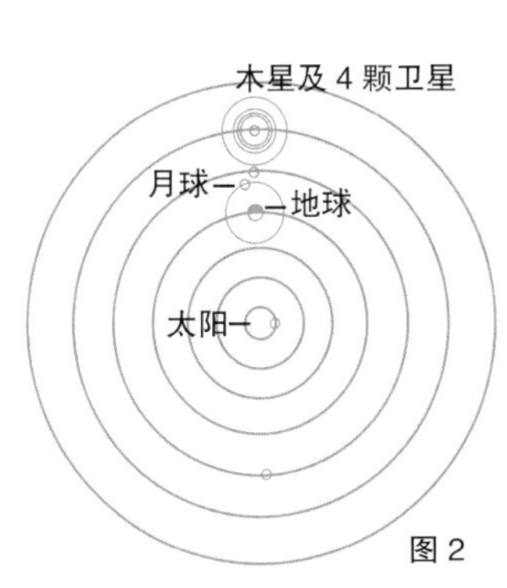

图 2

没看过的新“行星”

伽利略一开始以为观测到的是行星，后来证实是木星的四颗卫星（图 1）。伽利略便在日心模型的木星周围再画上四个卫星的轨道（图 2）。

第谷·布拉赫

第谷（1546—1601）出生于丹麦，是著名的天文学家。从1576年开始，第谷在丹麦附近的汶岛上兴建两座天文台：天堡与星堡（右图）。星堡设有五间观测室，可透过地面窗口或转动式圆顶的开口观测。地面设有支撑架，用来稳定仪器，就像画中右下角有两个人正在使用“六分仪”观测。当时虽然还没有望远镜可以观测，但第谷累积的大量精确数据，帮助开普勒发现了行星运动定律。

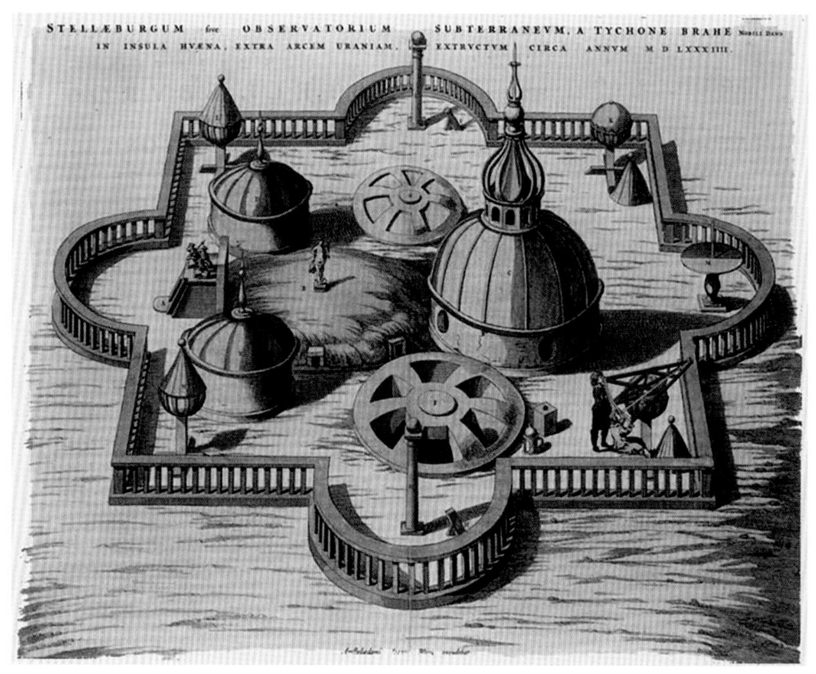

让天文学与望远镜的发展息息相关。

第谷与开普勒

伽利略没有明确支持宇宙有边界或是无穷大，但他的确不太相信所有恒星会位于同一颗天球之上，也怀疑宇宙是否真的有中心；而且，伽利略晚年受到嫉妒他的人诬陷，被迫经历多次宗教审判与监禁，因此他在表达想法时也变得小心翼翼，并且更专注在物理学与物体运动的研究。

差不多同时代，住在现在德国的天文学家开普勒寄了自己的研究文章给伽利略，并且写文章支持伽利略的望远镜观测结果，可惜的是伽利略不太在意也不太领情。开普勒同样支持哥白尼的日心说，却和伽利略有很不一样的发现，而且明确支持宇宙应该有边界。不过，开普勒许多成就其实源自一位丹麦天文学家第谷。

第谷出身丹麦的贵族家庭，年轻时便游历欧洲各大学，有一次目睹日食奇景后深受震撼，从而对天文观测情有独钟。1572 年，他因为发现一颗新星（现在我们称为“第谷超新星”）而声名大噪，大家对他仔细严谨的观测技巧印象深刻，丹麦国王便让他管理一座岛屿，并在岛上建立两座欧洲最早的大型天文台。

称量宇宙模型

17 世纪时，第谷的宇宙模型一度相当流行，左图是当时一本天文书籍的插画，图中右边是天文学女神乌拉妮雅正拿着秤比较哥白尼和第谷的宇宙模型，第谷的看起来比较有分量，最终胜出。托勒密只能躺坐在地上佩服新模型，自己的宇宙模型已经被大家抛弃，滚到图中右下角。

第谷与助手辛勤工作，累积了大量观测资料，然而，第谷不敢贸然接受哥白尼的日心说，因此他想出自己的一套理论，也就是除了地球以外的行星都绕着太阳运行，而太阳和月亮则绕着宇宙中心的地球转。

开普勒则出身德国地区的贫苦家庭，靠着奖学金在著名的杜宾根大学研究数学与天文学。他也曾一心想当牧师，因而开始思索上帝创造出来的宇宙是什么样子。他受柏拉图影响而提出一个多面体宇宙模型。开普勒把研究成果寄给伽利略，也寄了一份给第谷。第谷虽然不同意日心说，但是欣赏开普勒的数学天分，后来开普勒也因此担任第谷的助手。

约翰尼斯 · 开普勒

出生于德国的开普勒（1571—1630）希望理解上帝创造宇宙的原则，他相信“天体的运动就只是一些声音组成的音乐，只能心领神会，无法耳闻”。因此他努力通过几何学找出行星运动的和谐性，希望得到天体音乐的音符。

开普勒相信宇宙是由上帝所创造，因此天体的排列与运行一定有秩序，也像音乐一般和谐美妙；哥白尼的日心说单纯优美，因此获得开普勒支持，他认为太阳就像上帝一样位于宇宙的中心。第谷死后，开普勒根据第谷留下的丰富的观测资料，提出了自己的行星运动三大定律。其中最让当时人惊讶的是第一定律，开普勒发现行星不是等速沿着圆形轨道运行，而是椭圆轨道，太阳位于其中一个焦点。

开普勒的发现让亚里士多德的宇宙观正式走入历史。但宇宙到底有多大？开普勒仍相信宇宙有一定的

行星运动三大定律

开普勒反复研究第谷留下的大量观测资料，发现行星不会沿圆形轨道运行。他用各种曲线尝试，最终他发现行星其实沿“椭圆”轨道运行，太阳位于椭圆的其中一个焦点，这便是开普勒的行星运动第一定律。

另外，开普勒发现，不论行星靠近或远离太阳，只要运行时间相同，扫过的扇形面积其实一样大。这就是开普勒行星运动第二定律。多年后，开普勒进一步研究各个行星轨道的关系发现，行星绕轨道一圈花的时间和轨道的半径有一个比例关系，而这便是开普勒行星运动第三定律。

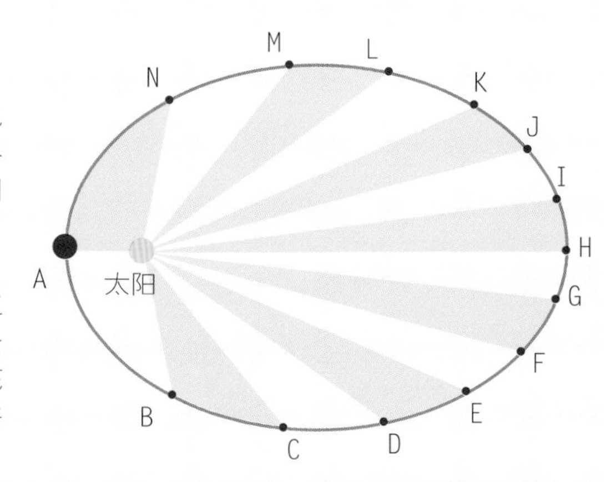

牛顿与笛卡儿

启蒙运动思想家伏尔泰（图中坐着写书者）曾翻译牛顿（图左上拿标尺指着天球者）的著作。他曾说：“法国人来到伦敦会发现，他离开充满物质的世界，来到空旷的国度；在巴黎，你会看到宇宙是由无数难以捉摸物质所形成的涡旋组成。对法国人来说，月球的压力造成的海潮，和太阳没有什么关系；对英国人来说却是大海被月球吸引，太阳也有贡献。”

大小，所有恒星都位于一颗围绕着我们的恒星天球上。这个问题目前实在难以证实，科学家和哲学家仍持续争辩，但现在大家更热衷讨论另一个问题：是什么原因让地球和行星沿固定的椭圆轨道不断绕行太阳？

笛卡儿和牛顿的宇宙观之争

法国近代哲学之父笛卡儿说的“我思故我在”是大家耳熟能详的名句。笛卡儿的哲学也包括非常复杂的宇宙观，17 世纪初期在欧洲相当流行。笛卡儿求学时很喜欢数学与哲学，但成年后却因找不到生活方向而多次从军。直到有一年冬夜，他一连做了三个怪梦而惊醒，他认为这是呼唤他“以数学追求真理”，笛卡儿这才坚信使命，矢志把数学应用于哲学之中。

笛卡儿采取几何学方法，从已确定的事实开始推理，他也提出一个前提：“必须怀疑一切真理，只有

涡旋生宇宙

笛卡儿认为，上帝造物时将物质分成许多小粒子，粒子可以自己转动，或绕其他东西旋转。这些粒子彼此运动、碰撞，分裂出三种元素：完美的晶体尘粒，体积小、速度快，可进入大物质不能进入的角落；圆球状镶嵌粒子，体积较大，最终成为涡旋物质。第二种元素逐渐旋转离开中心，第一种元素快速累积在涡旋中心并发光，成为太阳这类恒星（右图中的 S、F、Y 等）。还有第三种元素最终透过涡旋间的影响，形成彗星（右图中由上到下的曲线）与行星。

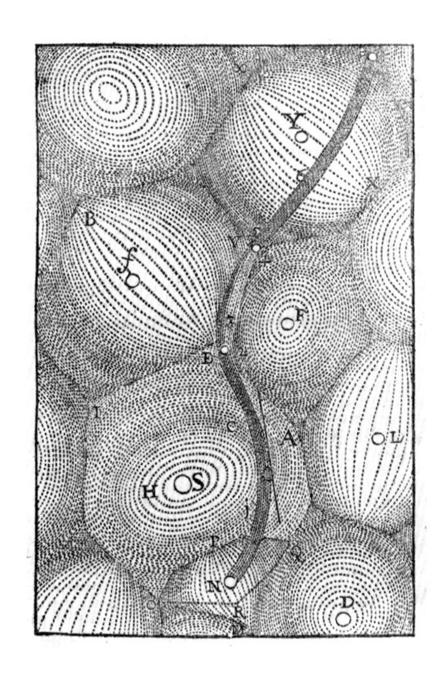

勒内 · 笛卡儿

笛卡儿(1596—1650)是法国的哲学家、数学家和物理学家。笛卡儿鼓励大家怀疑，他也认为知识可以借由一套方法整理成一个互有关联的知识树。人类可以从一些本身就具有的观念，靠理性推论演绎出知识。

艾萨克·牛顿

牛顿（1643—1727）是英国物理学家和数学家。1665 年，黑死病又一次在英国爆发，当时就读剑桥的牛顿因此暂时躲回家乡。相传，牛顿就是在这段时间，注意到家乡一颗苹果从树上落下，才开始思索是什么样的力量吸引着苹果掉落。下图为剑桥大学三一学院前种的苹果树，以纪念牛顿这则传说。

经过严格检验的东西才是真理。”他后来提出一套宇宙模型：宇宙无限大，里头充满物质，因此没有“真空”这种东西；这些物质在宇宙中彼此摩擦、推挤与碰撞，使行星绕着太阳进行“涡旋运动”。宇宙中有数不清的涡旋，我们的太阳系只是其中之一。

但是笛卡儿的涡旋理论有个很大的缺点：只是概念，完全不能计算！当时科学家对此相当困扰，英国科学家牛顿也是其中之一，他曾为了搞清楚涡旋的复杂运作而苦恼。后来牛顿根据伽利略与开普勒的研究成果，跳脱笛卡儿的思维，认为宇宙中任意两个物体之间会有一股吸引力，这股力量会随物体增大而增加，或随两物体间的距离增加而减少，这便是著名的“万有引力定律”。

牛顿于 1687 年出版《自然哲学的数学原理》，从书名即可看出，这是牛顿对笛卡儿出版的《哲学原理》所下的挑战。笛卡儿在书中对涡旋理论只进行了模糊的说明，仅对自然界的现象做出了解释。牛顿不满意只是解释现象，希望运用精确的数学推导对现象做出预测。

一下子，原本塞满物质、彼此碰撞而造成天体运动的拥挤宇宙，变成了空旷的世界，天体各自穿越空间，借由彼此的引力，不需与不知名的物质碰撞，行星便能绕行太阳；而且，牛顿的理论可用数学精确计算，符合开普勒的行星运动定律。但是，笛卡儿的支持者认为，“万有引力”这种超距力太神秘，与新科学的机械思维背道而驰。牛顿曾想证明万有引力的来源，只是最后也没成功。

哈雷彗星

哈雷成功预测哈雷彗星的出现时间，证实了牛顿引力理论的威力！左图为哈雷彗星于 1986 年 3 月重返太阳系时被拍摄到的照片。

牛顿的理论虽然是革命性的，但他的宇宙观其实仍相当保守。牛顿相信他的发现展示了上帝的创造能力：上帝一开始设计了一个静止而且平衡的宇宙，天体借由引力开始运动，但引力互相影响，可能让宇宙不平衡而崩毁。这时，上帝会出手干预，把恒星重新放回最初位置。牛顿认为上帝就像钟表匠，会随时帮宇宙重新上发条，而不是像笛卡儿所说的，上帝创造完宇宙后就不再干涉。

支持笛卡儿的德国科学家莱布尼兹虽然同意上帝扮演钟表匠，但他认为上帝的钟表应该很完美、不需要维修。牛顿的支持者倒认为插手干预不是上帝的补救措施，而是一开始就计算好的。

然而，牛顿的理论最终在 18 世纪胜出，是因为彗星。牛顿的好友哈雷在研究一颗 1682 年出现的彗星，计算时考虑了木星的引力，预测这颗彗星将在 1758 年再次出现。到了 1758 年圣诞节，一位德国农民率先看见这颗彗星，其他科学家也在四个星期之后观测到，“哈雷彗星”遵循着牛顿的引力定律绕行太阳、划过天空而去。

星云与宇宙演化

18—19 世纪的宇宙观

皮埃尔－西蒙·拉普拉斯

拉普拉斯侯爵（1749—1827）是法国著名的天文学家和数学家。拉普拉斯活跃的 18 世纪末正是法国最动荡的一段时间，他在法国大革命、拿破仑王朝及王室复辟时都在政府任职，也逃过死劫，并担任法国科学院院长。

拉普拉斯与星云假说

自从哈雷彗星一如科学家预期地现身天际后，到了 18 世纪中期，几乎所有天文现象都可用牛顿的力学定律来解释。这时欧洲也有好几位厉害的数学家，包括欧拉、拉格朗日及达朗贝尔等人，正努力运用牛顿的理论研究太阳、行星与卫星间的关系。他们逐渐发现，我们的太阳系其实非常稳定，可以自我调节，或许并不像牛顿所说的那样，上帝需要常常来帮宇宙重新上发条。

在这些学者中，有一位法国数学家，同时也是天文学家的拉普拉斯，他在 20 多岁时便一口气解决了许多行星运动的问题，证实太阳系的稳定性。拉普拉斯体悟到，宇宙中所有物理现象，不过是粒子间在互相吸引与排斥，因此希望用物理及数学定律取代上帝。

当时，在欧洲战场上呼风唤雨的拿破仑对科学很有兴趣。据说有一次，他聊到拉普拉斯的著作《天体力学》时，对拉普拉斯说："你完成一部关于宇宙结构的巨著，却没有提到宇宙的作者。"拿破仑口中的作者便是指上帝。拉普拉斯充满自信地回答："我用不到（上帝）这个假设。”

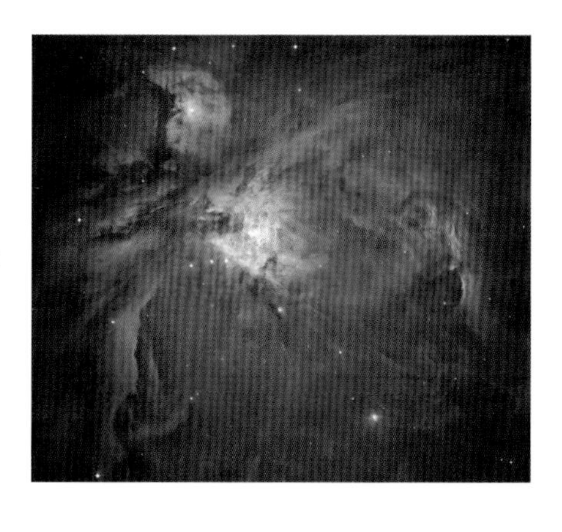

拉普拉斯也写了《宇宙体系论》这本书，向一般读者介绍天文与宇宙学知识，他在书中讨论太阳系是怎么形成的。他推测，太阳系最初可能是一团非常热的流动物质，这团被称为“星云”的物质不断旋转，而且体积相当庞大，远远超过所有行星的轨道。随着时间的推移，星云逐渐降温并聚集，成为我们现在看到的太阳；周围有许多残屑继续绕着太阳转，经过一连串碰撞、压缩与聚合后成为行星。

拉普拉斯的这个理论可能受当时许多的星云观测所启发。拉普拉斯的两本著作不仅是当时天文学家必读的经典，“星云假说”更成了19世纪天文学家争辩宇宙大小与形成过程的焦点。而拉普拉斯提出这个假说时并不知道，德国的大哲学家康德也提出一个类似的“岛宇宙”理论，刚开始在欧洲科学界流传开。

星云

哈雷在1715年的观测报告中曾列出六个乳白状的明亮斑点，称其为“星云”。对于这些斑点，天文学家猜测可能因为望远镜解析能力不够，只能把遥远的恒星看成一团云气；也可能真的有这种流动的发光云气。破解这个谜团也成了19—20世纪初天文学家的努力目标。左图为猎户星云，是哈雷曾观测的六个星云之一。

黑洞

除了星云假说，拉普拉斯甚至提过一种神秘的天体，似乎预言了“黑洞”存在。他说这种明亮天体的密度与地球相同，直径比太阳大250倍，发出的光因为受自己的引力影响而无法抵达地球，即使它再明亮，我们都看不见。

汤姆斯·莱特

莱特（1711—1786）是英国的天文学家、数学家和建筑师。莱特不只担任科学教师，他也运用数学知识帮贵族理财，甚至出版建筑学与考古学著作。

宇宙会演化：康德的岛宇宙

对当时的人来说，除了太阳以外，其他恒星实在遥不可及。伽利略从望远镜观测结果推测行星不会距离我们太远；然而，用望远镜不论怎么看，恒星依然是一颗颗小小的亮点，说明恒星真的非常遥远。于是天文学家对于恒星、银河或星云到底是什么、从何而来的问题，最多只能像拉普拉斯那样从星云的观测去推敲。

18 世纪初英国一位热爱知识的年轻钟表匠学徒莱特，利用空闲自学数学与天文学。父亲得知莱特把钱都拿去买书后很生气，莱特愤而带着几本书离家到各地游历，后来成为一名巡回科学教师。

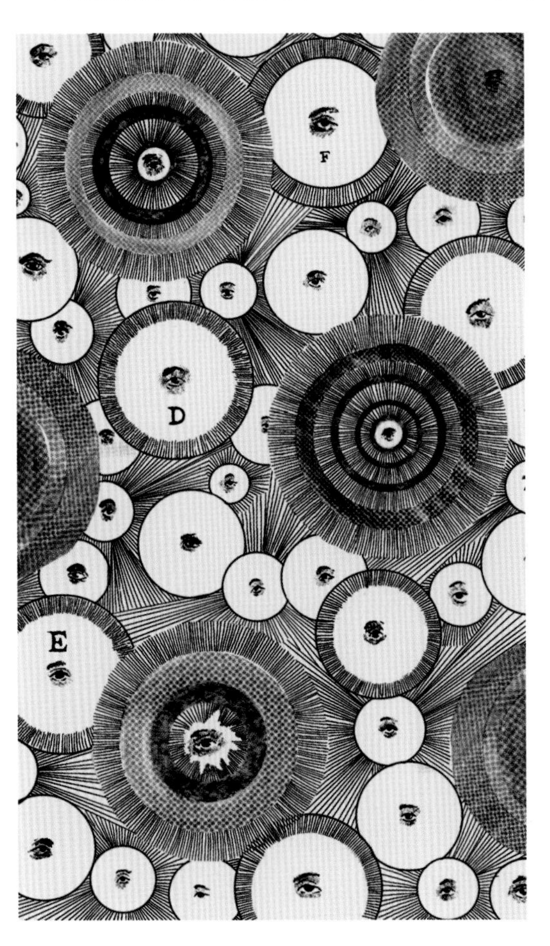

星云宇宙

莱特认为所有星云都自成一个宇宙，中心有各自的创造者。

莱特喜爱天文学，在教学之外常观察银河，推测其中天体的分布可能有某种规律，于是他提出两种可能的宇宙结构。第一种有点像土星和土星环，所有天体在一个平面上绕着中心的上帝转。但莱特更喜欢另外一种：所有天体都在一个巨大的球壳上，中心是上帝。银河的形状是因为从我们的位置往天空看的方向不同，只是观测效应。莱特甚至推测，每一个遥远的星云都有一个上帝住在中心。

莱特的理论太神秘，不太受重视。德国大哲学家康德是最具影响力的哲学家之一，但其实他早年对科学更有兴趣，当时他在思索宇宙理论，碰巧读到一篇关于莱特理论的介绍，非常感兴趣。康德先理解莱特在说什么，然后提出自己的宇宙结构及演化理论。

伊曼努尔·康德

康 德（1724—1804）是18世纪德国思想界的代表人物，常被推崇为苏格拉底、柏拉图和亚里士多德后西方最具影响力的哲学家之一。

随着天文学家观测到越来越多的星云，康德提出“岛宇宙”，认为每个遥远的星云都像一座岛，里头有无数颗和太阳一样的恒星。不过康德不相信每个星云中心都有上帝，他认为卫星围绕行星，行星围绕太阳，太阳和恒星围绕银河中心，许多银河再组成更大的银河群，宇宙就这样一层一层扩展，最终才有一个位于中心的主宰，至于那是什么，康德觉得已经超过人类的理解能力了。

不论是牛顿、莱特，甚至亚里士多德，都相信宇宙永恒不变，康德与拉普拉斯则认为，宇宙或太阳系其实会演化。康德的宇宙最初是混沌一片，里头有无限多静止的物质粒子，彼此借牛顿的万有引力互相吸引而逐渐聚集，形成漩涡，引力最强的中心就是太阳，周围的小引力中心是行星。

虽然康德解释天体运动和行星轨道大小，甚至运用开普勒行星定律计算土星环的周期，但康德毕竟不是数学家，当时的观测资料也不是很精确，他的想法仍以猜想为主，后来拉普拉斯才以数学与物理理论建立完整的“星云假说”。

有趣的是，康德也提到外星人的可能。18 世纪欧洲人普遍相信，住在越温暖地方的人行动与思考就越

慢，越冷的地方则相反。因此康德推测，水星和金星人应该迟缓愚蠢，火星、木星和土星人则动作迅速、脑袋聪明，地球人刚好在中间，既非蠢到无可救药，但也没有聪明到完全远离诱惑，因此需要信仰。

望远镜的发展

拉普拉斯的星云假说虽然与康德的想法类似，但其实两人对星云的看法仍有点不同，莱特与康德认为模糊的星云和银河一样遥远，拉普拉斯则认为星云很近，所有星云都在一个大宇宙之内。然而，宇宙到底多大？星云和银河谁近谁远？随着大型反射式望远镜的出现，这门原本只能靠逻辑推测的学问终于跃上科学的主舞台。

但是，这种望远镜和伽利略制作的有什么不同？新望远镜对科学家又有什么影响？在望远镜发明之前，人类只能依赖肉眼和测量距离仪器来观测星空。到 13 世纪，聚焦光线、放大影像的“透镜”才传入欧洲，第一副眼镜也因此诞生。

到了 1608 年，荷兰海牙的市民突然开始讨论一个

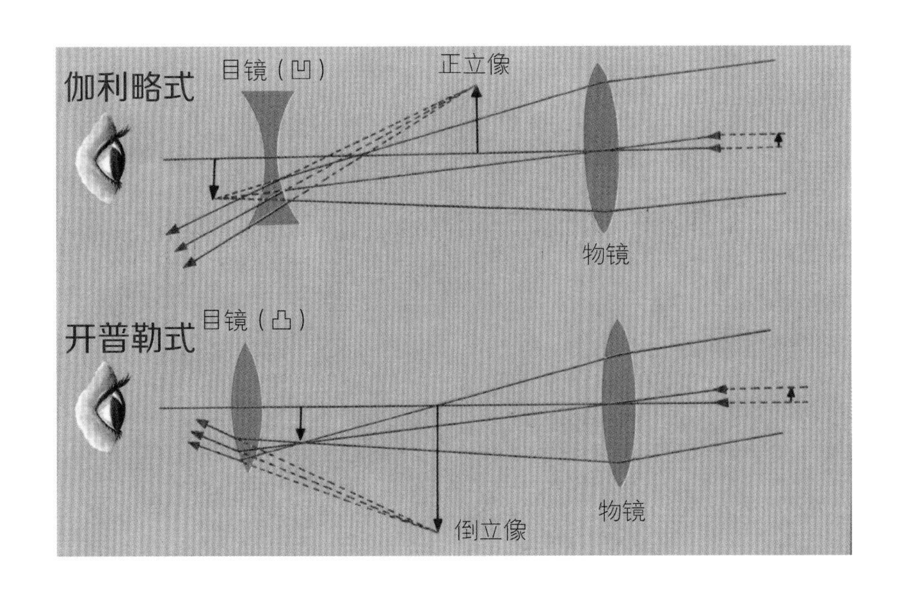

伽利略与开普勒的折射式望远镜

伽利略的望远镜采用一面凸透镜作为物镜，一面凹透镜作为目镜，把光导向观测者的眼睛（上），但这种望远镜视野较差。开普勒的做法是把目镜也改成凸透镜（下），让光更容易聚集抵达观测者，只是这种方式成的像会上下颠倒。

神奇的“管子”，据说透过它看遥远的东西，都会变得很近，这便是最早的“折射式望远镜”，利用光穿过透镜的折射效应来成像。

第一个把望远镜拿来观测星空的是伽利略，他亲自改良、增强望远镜的放大能力。但因为当时制造镜片的技术很粗糙，观看的视野小，看到的天体也模模糊糊，周围常有一圈光晕。

开普勒设计了另一种望远镜，改善了视野问题，对观测太阳黑子非常有用，虽然影像上下颠倒，但他的设计逐渐成为标准的折射式望远镜。不过受限于当时镜片制作技术以及光折射的特性，折射式望远镜有像差和色差问题。解决像差的方法是建造很长的望远镜，加长聚焦的距离。因此，为了看得更远、更清楚，当时最长的望远镜曾达到45米，大约有十几层楼这么高。

当然，这么长的望远镜，需要桅杆、滑轮支撑，操作起来相当复杂。17世纪中期，苏格兰数学家格里哥利和法国人卡塞格林各自想到一种设计：光线不需要穿过透镜折射，而是透过两片凹或凸面镜反

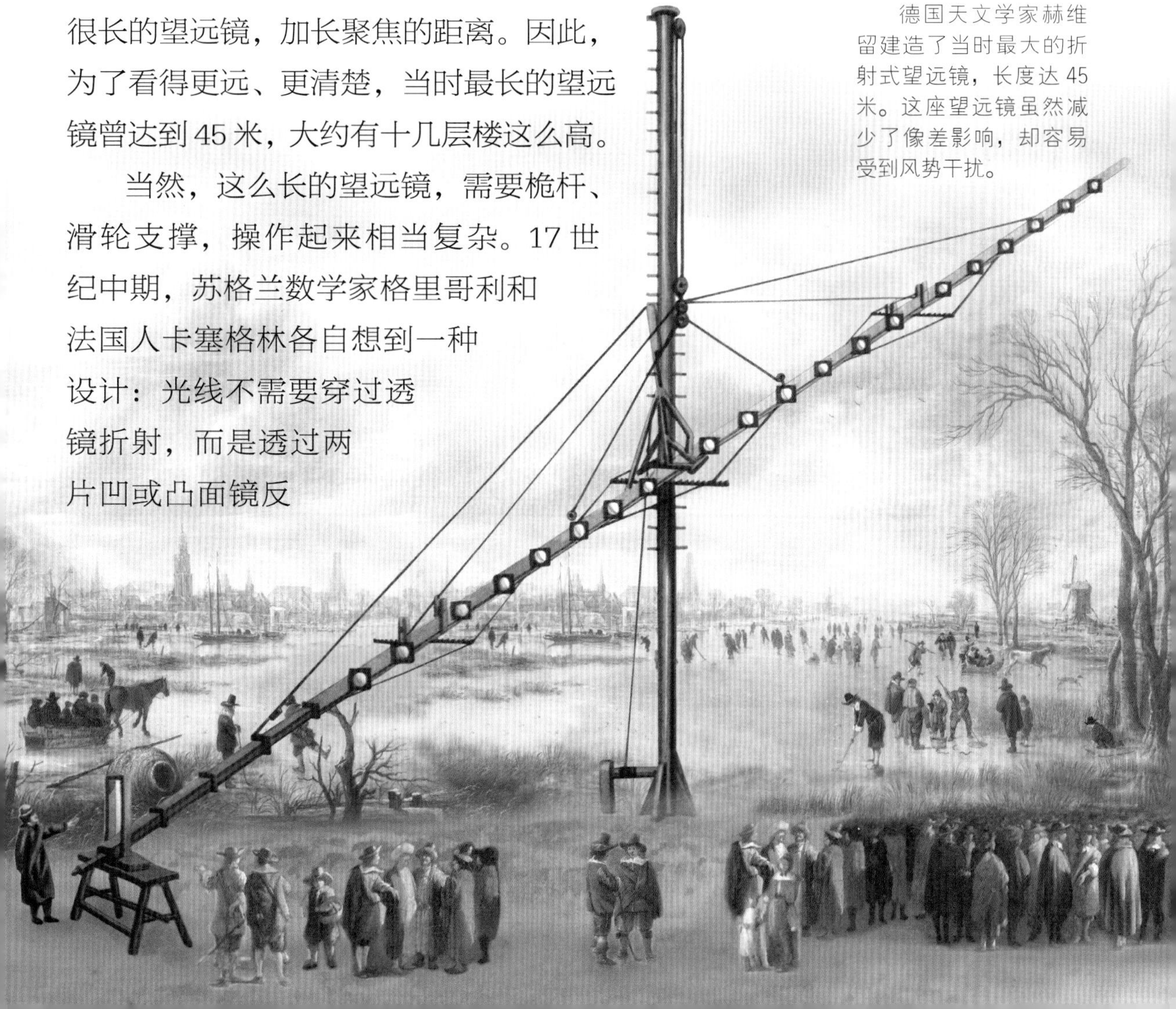

巨无霸折射式望远镜

德国天文学家赫维留建造了当时最大的折射式望远镜，长度达45米。这座望远镜虽然减少了像差影响，却容易受到风势干扰。

三种反射式望远镜

格里哥利的设计是当光穿过镜筒抵达底部有洞的凹面镜时，把光反射至上方较小的凹面镜，最后穿过孔洞达到目镜；卡塞格林则把第二面小镜改为凸面镜，好处是可以减少像差；牛顿则把目镜改到镜身一侧，第二面小镜改为平面镜，一方面减少制作曲面镜的困难，一方面也不需要在第一面镜挖洞，可增加反射的光，适合观测更黯淡的天体。

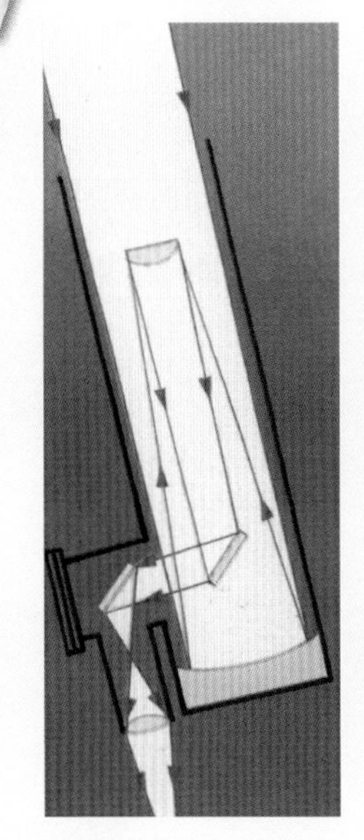
折轴式

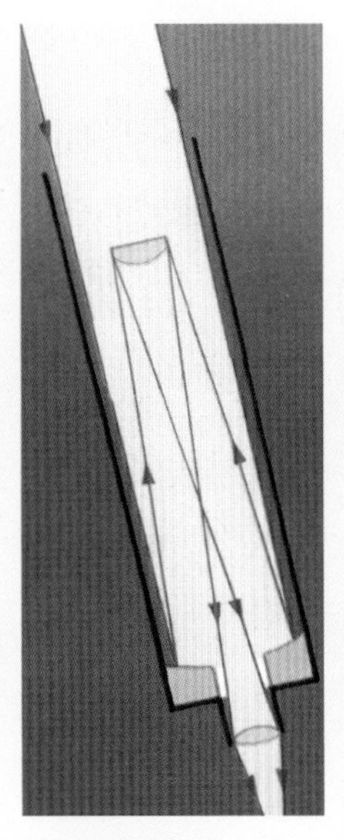
卡塞格林式

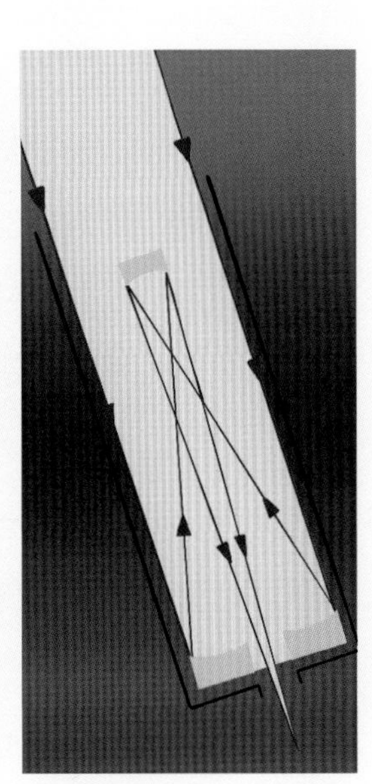
格里哥利式

牛顿的反射式望远镜

牛顿于1668年设计出这款反射式望远镜，并于1671年再做了一架送给英国皇家学会。

射，不仅缩小望远镜的尺寸，也解决了色差问题。牛顿在研究光学时，也设计了一种反射式望远镜，改用一片凹面镜和一片平面镜，减少了镜片产生的像差，也成为后来的标准反射式望远镜。

当时有些人尝试制作出形状完美的镜片，但直到18世纪初英国数学家哈德利才制作出一架长约两米的反射式望远镜，观测能力媲美长约40米的折射式望远镜。不过此时大部分天文学家仍专心研究太阳系内的天体，真正革新反射式望远镜，并把天文学家的视野推向太阳系外的恒星与宇宙的，则是18世纪末一位从德国逃难来到英国的音乐家——赫歇尔。

赫歇尔的望远镜与宇宙自然史

威廉·赫歇尔出生在德国汉诺威，年轻时在军乐队中吹奏双簧管，19岁因战乱逃到英国，后来在温泉小镇巴斯担任教堂风琴手，工作之余也开始钻研自小很有兴趣的天文学。

赫歇尔在读了许多天文及光学科普著作后，对于书中提到的恒星与外星人很好奇，但是他也发现用折射式望远镜观测遥远的恒星效果很差，于是赫歇尔决定自己来磨制镜片制作反射式望远镜。

威廉和卡罗琳

赫歇尔（1738—1822）在英国生活稳定后便把妹妹卡罗琳（1750—1848）从汉诺威接过来。卡罗琳除了帮忙打点哥哥的生活，两人也一起观测星空。后来卡罗琳也进行自己的观测与研究，独立发现了七颗彗星，成为第一位在英国皇家学会宣读论文的女性，不仅因此获得国王给予的薪俸，也成为 19 世纪独立女性效法的对象。

1779 年冬天，英国皇家学会的秘书收到儿子华生的一封信，说他有一天晚上在巴斯街上遇到一个人，身边没有任何仆役，单独拿着一架焦距约 30 厘米长的望远镜在看月亮。华生上前攀谈后发现这个人就是赫歇尔，他正在测试刚做好的折射望远镜。华生把望远镜借来看看，一看之下惊为天人，他从来没看过这么清晰的月亮。赫歇尔因此机缘被引介进入正统科学界，他也花更多时间研究天文学及制作

赫歇尔的大望远镜

赫歇尔于 1783 年制作完成 6 米长的反射式望远镜，接下来 20 多年，赫歇尔用它搜寻银河、星云与各种天体的样本，努力当个“星空博物学家”。

行星状星云

1790 年，赫歇尔发现一颗周围是一片昏暗光晕的恒星。他因此改变对星云的看法，认为发光的星云物质的确存在，并认为自己看到了星云凝聚成恒星的过程。现在我们知道，这种天体其实是濒临死亡的恒星，称为“行星状星云”，周遭的云气是恒星不断向外喷发的物质。上图为现代望远镜分别在可见光与红外光下观测的 NGC1514 样貌。

望远镜。

赫歇尔首先观测猎户星云，推测与我们的距离应该很近。然而，要证明星云到底是遥远的星团或只是某种很近的云气，只得建造放大倍率更高、解析率更好的望远镜才行。

在妹妹卡罗琳·赫歇尔的协助下，兄妹俩不断改良，制造口径越来越大的反射式望远镜，并观测各式各样的天体，从太阳系各行星及其卫星到星云、行星状星云、球状星团、双星与变星都有。不过让赫歇尔家喻户晓的成就是他在 1781 年无意间发现了天王星，成为自古希腊时代以来首度发现新行星的人，赫歇尔也因此成为年薪 200 英镑的王室专属天文学家，能专注于天文研究。

赫歇尔受当时林奈的植物分类学革命影响，认为天文研究不该只是埋首纸堆做计算，而应该像植物学这种自然史研究一样，通过大量观测来收集样本以进行分类，便能辨认出天体演变的各阶段和方式。因此赫歇尔兄妹合力，把当时仅记录 100 多个星云的星表扩增到 2500 多个新星云。他判断，星云不是距离很近的发光云气，而是由大量恒星组成的星团。他推测，最初宇宙中的恒星分布均匀有规律，后来在不同区域，恒星因引力聚集成星团，才变成现在观测到的模样。

然而，赫歇尔有一次发现，一个星云竟然中心是一颗恒星，周遭包围着云气。他对此既怀疑又惊喜，认为他可能观测到了星云的云气正在聚集成恒星的过程。因

赫歇尔的银河构造

赫歇尔认为银河之所以呈现这种样貌，是因为我们的太阳系身在恒星之间，向外看出去便是这样的景象。为了找出银河与宇宙的形状，他假设星光不受到遮蔽，恒星在宇宙中分布均匀；接着赫歇尔细数各视线方向的恒星数目，并依比例勾勒出银河系的边界。他在 1785 年画下银河系的断面图，说明从我们的位置往外看，天体如何投射在天球上，形成我们眼中的银河（如右图）。他在另一张图描绘银河系就像一条包含数以万计恒星的长带子，我们的太阳系位于中心（如下图）。不过随着望远镜的进步，赫歇尔观测到更多恒星，也认识到恒星其实分布很不均匀。因此，赫歇尔最终放弃了他的银河系模型。

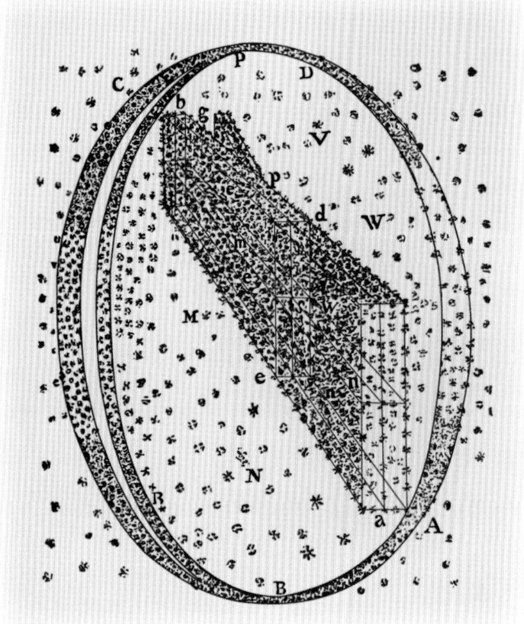

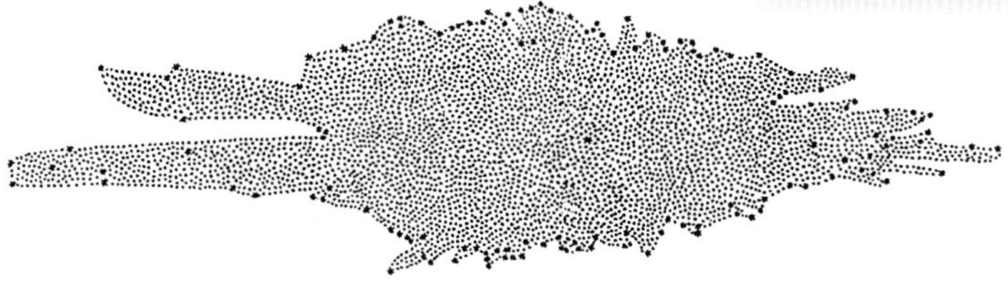

此，赫歇尔改变想法，认为星云的确是距离我们较近的发光云气。宇宙演化过程该修改成：宇宙之初到处都是云气，慢慢因引力聚集成星云，星云再凝聚成一颗颗恒星，恒星组成星团时造成的剧烈变化和发出的光则成了制造云气的原料，宇宙就这样生生不息地循环下去。

除了提出宇宙演化的理论，赫歇尔也通过观测推测银河的形状：银河就像一条非常广大的长带子，有分支，各包含数以百万计的恒星，我们的太阳系则位于中心。这些成就主要都是赫歇尔与妹妹卡罗琳根据自制的焦距 6 米长的大型望远镜，长年观测得到的结论，他们看得比当时任何人都远，逐渐让恒星、星云和银河这些以往被忽略的天体重获重视。

约翰·赫歇尔

约翰·赫歇尔（1792—1871）是英国天文学家、数学家、化学家，也是天文学家威廉·赫歇尔的儿子。约翰·赫歇尔求学期间最喜欢的其实是化学，但最后还是踏上天文之路。为了达成父亲观测全天星空的愿望，他带了6米长的望远镜远渡南非，最终完成了天文观测史上的壮举。

约翰的南天观测、超级望远镜与星云疑惑

赫歇尔是望远镜制造者、观测者及理论家，但当时没有可与之匹敌的望远镜，其他科学家难以理解他的成果。他的儿子约翰·赫歇尔决定继承父亲衣钵，学习制作望远镜并观测星空。

约翰把在英国能观测的星空扫描了一遍，出版了一份超过 2000 个星云与星团的星表，鼓励更多人加入星云研究。约翰也写一般人能懂的天文与科学著作，推广重视实验与观测的科学方法，启发许多年轻人，提出进化论的达尔文便是其中之一。

但是，约翰比较支持父亲早年认为星云都是遥远星团的想法。为了证实并完成父亲观测整个星空的理想，约翰在 1833 年 11 月带着家人、观测仪器与焦距 6 米的大望远镜前往非洲好望角，对南半球的星空进行长达 4 年多的大规模观测。

这次观测除了补足南天星空的数据，也扭转了约翰对星云的想法。他在观测大小麦哲伦星云时，看见

巴森兹城的巨无霸

业余天文学家罗斯伯爵完成了超大型望远镜，当时没人能制造这么庞大的镜片，必须动用三个巨型坩锅才能铸造完成，镜身更必须悬挂在两堵砖墙间。

许多难以分辨细节的云气物质；他也看到各种星云或天体，有的像银河可以看清楚其中的恒星，也有其他清晰程度不一的星团和似乎正在聚集的星团。约翰推测银河属于一个更大的星云，中心可能在室女座方向。

当时英国人对海外科学探险相当热衷，因此约翰的南天观测极受瞩目。达尔文搭乘小猎犬号返航时刚好经过好望角，特别在此停留一下，去拜访约翰。

在英国国内，19 世纪的业余天文学家也开始制造大望远镜，像罗斯伯爵在爱尔兰巴森兹制作口径达 1.8 米的超大型反射镜，被称为“巴森兹城的巨无霸”，所有人争睹这个科学奇观。这座“巨无霸”在 1845 年开始运作，大家希望能一举解答星云谜团。有些天文学家重新观测约翰发现的 40 个星云，认为根本没有星云物质；罗斯伯爵观测相对较近的猎户星云后也宣称，他只在其中看到无数恒星。

眼看科学家就要确认星云只是遥远的星团时，两项新技术的出现再让争议倒向支持星云物质存在的一方。

勾勒出星云的形状

约翰在观测到星云 M51 后，画出中心为恒星，外面有分叉的环围绕，让他联想到我们的银河形状。但是在罗斯伯爵更精确的观测下，M51 其实是螺旋状。

宇宙扩张与相对论
近代的宇宙发现

光谱学与照相术解决星云谜团

1835年，法国哲学家孔德回顾当时的天文学成就，感慨地说：“即使我们能知道各种天体的形状、大小与运行轨迹，但我们永远无法了解这些星球是由什么物质或化学元素所组成的。”

其实早在17世纪，牛顿已经用棱镜实验证实太阳光是由不同颜色的光组合而成。到了19世纪初，德国仪器制造商夫琅禾费在检查镜片是否有瑕疵时，透过棱镜观察穿过窄缝的阳光，惊讶地发现太阳的彩虹光谱上有数百条黑色细线。可惜的是，夫琅禾费英年早逝，还来不及仔细研究这些细线。

物理学家基尔霍夫和化学家本生后来加热金属元素“钠”，并从火焰中观察太阳光谱，发现黑色细线更明显，推测光谱上每组细线可能与某些化学元素有

夫琅禾费的光谱线

夫琅禾费在1817年发表太阳光谱图，他亲自描绘了每一条黑线。

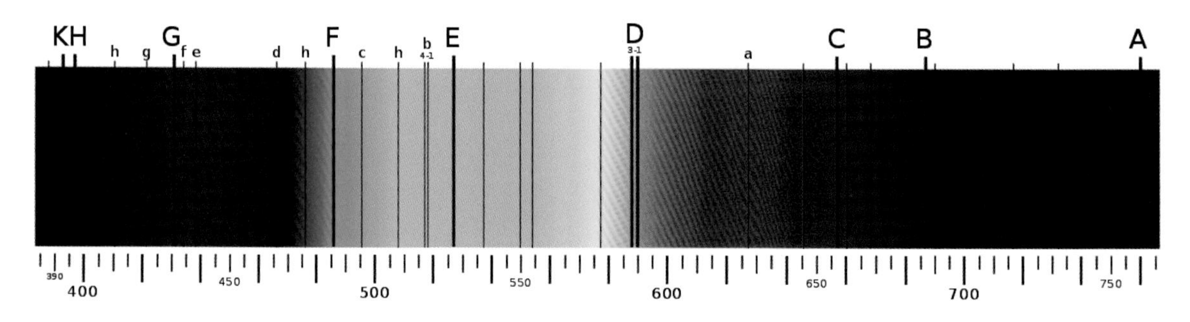

关，可能是太阳附近的气体含有钠，吸收了特定颜色的光而造成暗线。

到了 1880 年，科学家已从太阳光谱中找出 50 种元素，这也代表多年前孔德担心的事没有成真，光谱分析就像是检查化学元素的指纹，科学家终于可以了解太阳是由什么组成的。

英国天文学家哈金斯一听说基尔霍夫的实验成果后，立刻联想到这方法也可用来研究其他恒星或星云。1864 年，哈金斯在望远镜上装上光谱仪来观测行星状星云，结论出乎意料：观测结果并不是恒星的连续光谱，反而充满各种气体的谱线。哈金斯因此终于证实，星云的确可以是气体。

之后哈金斯也采用刚发展不久的照相技术，拍摄并研究了超过 70 个星云光谱，其中有的有气体，有的也有恒星的彩虹光谱，哈金斯得到结论，星云不止一种，有气体星云也有聚集成团的恒星。

照相技术与光谱学让星云谜团显露曙光，这两项技术也让天文学成为“天文物理学”，科学家可以认真讨论星云及天体的物理成因，天文台成了实验室。

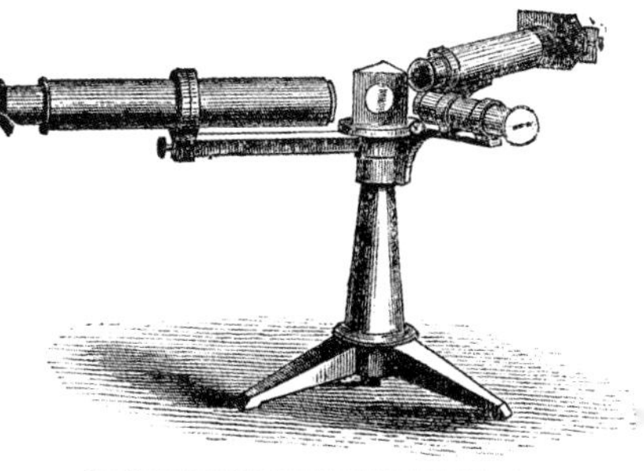

基尔霍夫、本生与光谱仪

基尔霍夫（左）和本生（右）在 19 世纪中期进行光谱观测实验，发现光谱中的暗线与不同元素有关。

银河系与星云大辩论

星云谜团看似有了解答，银河系有多大则是困扰天文学家的另一个大问题。赫歇尔当年虽勾勒出银河的形状，但最后也几乎放弃了这个想法。到了 20 世纪初，天文学家大多认为，如果星云在银河系里，那银河应该不大。

荷兰天文学家卡普坦为了确定银河系的大小与形状，号召同事及附近监狱的囚犯，在十年内协助测量近 50 万颗恒星的位置。后来他也主导了“天区计划”，搜集整理全球超过 40 个天文台的资料并发表成果：银

威尔逊山天文台

威尔逊山天文台于20世纪初由美国天文学家海尔建于美国加州，沙普利和哈勃等科学家都曾在此工作。上图为天文台于1917年启用的胡克望远镜，是当时最大的望远镜。

河系像一个扁平的盘子，直径约5万光年，银河系外没有任何恒星。卡普坦的宇宙比赫歇尔估计的大了十倍。

美国的年轻天文学家沙普利这时刚从大学毕业，满怀抱负地进入著名的威尔逊山天文台工作。据说沙普利当初读天文，是从课程表的“A”开始看，发现“考古”（Archaeology）这个词他不会发音，因此二话不说选了下一个“天文”（Astronomy）。

沙普利运用造父变星的特性计算出许多球状星团的距离，他惊讶地发现，如果这些球状星团在银河内，银河系直径可能超过30万光年，体积比以前想的大上1000倍。而且在这幅新的图像中，太阳系被放逐到银河边疆，银河中心则在人马座的方向。沙普利说：“没有其他岛宇宙，银河系就是包容一切的宇宙。”沙普利认为自己是新时代的哥白尼，再次把人类推下宇宙中心。

天文学家如何测量距离

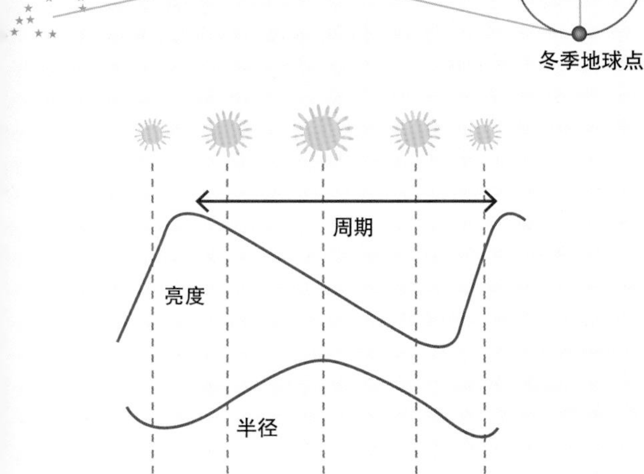

①近代以前，天文学家要想知道天体离我们多远，多使用“三角视差法”，原理和我们乘车望着窗外景物的移动相同，距离我们较近的景物总是比远处景物移动得多。在天文上，最常用的方法是如左图，我们观测某颗恒星，半年之后再比较这颗恒星相对更远的天体来说移动了多少，我们便能通过地球公转轨道的直径与视差角的数学关系得到这颗恒星与我们之间的距离。

②用三角视差法适合测量距离我们较近的天体，但是遥远天体的视差角太小，非常难测量。1908年，美国哈佛大学天文台的勒维特分析了小麦哲伦星云中的造父变星，这种天体会定期改变自己的体积，因此发出光的亮度也会改变。勒维特发现造父变星亮度改变的周期越长，该星就越亮。因此沙普利便借由这个“周光关系”来比较不同星团中相似的造父变星的亮度，可得到星团间的相对距离，再以小麦哲伦星云中已知距离的造父变星当作标准，推算出每个星团与我们的距离。

但是当天文学家史立佛观测漩涡状星云的光谱时发现，许多星云以相当快的速度在移动，其中四个星云甚至以每秒超过 1000 千米的速度远离我们（当时已知恒星的速度大约只有每秒 20 千米）。许多人开始怀疑，如果漩涡状星云跑得这么快，似乎不太可能也包含在银河系中，因此“岛宇宙”的想法再次死灰复燃。

大辩论

1920年，沙普利（左上图）与柯蒂斯（右上图）在美国华盛顿针对宇宙结构与银河系大小进行辩论。整场会议更像是两人宣读各自的论文，最后仍无法得到确切结论。

1920年4月26日，美国国家科学院召开一场会议，由当红的沙普利与“岛宇宙”派的柯蒂斯进行辩论。沙普利坚守自己的大银河，柯蒂斯则提供许多数据，希望用证据支持观点，强调漩涡状星云和我们银河系一样都是独立的宇宙。这场正面交锋似乎让两派争论的气势升到最高点，但仍莫衷一是没有结论。要解答这个问题，只得等待更好的望远镜与新的观测技术。

1919 年，第一次世界大战刚结束，退伍的哈勃进入威尔逊山天文台工作，他用当时威力最强的望远镜在仙女座星云发现了一颗黯淡的造父变星，但它的变光周期却很长，代表这颗变星必定极为遥远。经哈勃

哈勃与造父变星

爱德文·哈勃（1889—1953），美国著名的天文学家。哈勃原本读的是法律，后来才转向天文学。战后便进入威尔逊山天文台工作，运用仙女座星云的造父变星估算距离，一口气把宇宙扩大到原先的好几倍。

估算，仙女座星云距离我们接近 100 万光年，远超过沙普利估计的银河系大小。

这个发现一举终结自康德以来的漫长争论：“岛宇宙”确实存在，银河系并非宇宙唯一的星系。沙普利读完哈勃的来信后，向同事感叹道：“这封信摧毁了我的宇宙。”但他很快就接受了这项新发现，并为星云谜团终于有了答案感到高兴。

爱因斯坦的相对论宇宙

除了哈勃的观测，理论科学家对物质、能量、重力与时空的革命性想法也让宇宙学家建立全新的宇宙模型。

爱因斯坦在 1905 年发表狭义相对论，对时间和空间提出全新概念：如果光速不变而且是速度的极限，时间便不再像牛顿所说的，对所有人来说都一样，而是会因为你的运动而改变。爱因斯坦进一步发展广义相对论，思考狭义相对论与牛顿引力理论的关系。

根据牛顿的理论，引力会对所有空间立即产生影响，但这样信息就跑得比光还快，这与狭义相对论的假设不符。有一天，爱因斯坦在办公室内沉思时，突然灵光一闪：若有人从空中自由落下，他不会感觉到自己的重量。也就是说，以等加速度运动时所感受到的力与重力没有差别。

从这个想法出发，爱因斯坦逐渐了解时空是会弯曲的，重力只是

阿尔伯特·爱因斯坦

爱因斯坦(1879—1955)出生于德国，是犹太裔的物理学家。在提出狭义及广义相对论之前，爱因斯坦只是瑞士伯尔尼专利局里默默无闻的职员。当艾丁顿的日食观测戏剧性地证实广义相对论后，爱因斯坦理论一夕间成为风靡全世界的文化热潮，他受邀至各地演讲，成为自牛顿以来最出名的物理学家。

爱因斯坦的黑箱想象实验

爱因斯坦很多突破性的想法都是来自于他脑中的想象实验。他悟出的等效性原理即为：一个人坐在加速的宇宙飞船中，和坐在静止但受重力吸引的宇宙飞船中，应该感受不到差别。此时，若将一个黑色箱子落到地板上，无论是因为受到重力吸引或是飞船加速度产生的运动，箱子掉落的速率是一样的，而飞船内的人无法分辨出差异。

物体在时空中移动造成的现象，因为质量大的物体会使时空扭曲。他在 1915 年终于写下引力方程式，描述物质间的引力是透过弯曲的时空来传递，并预测连光都会受到强大重力的影响。爱因斯坦曾说：“这是我一生中最珍贵的发现。”

当时正值第一次世界大战，爱因斯坦是德国人，英国科学界自然忽略他的理论。不过艾丁顿爵士辗转得知相对论后，立刻在国内积极宣传，并且与皇家天文学会达成协议，想办法证实这个德国人的理论。1919 年 3 月，艾丁顿爵士组织两支团队分别前往巴西与西非观测日食，证实遥远星光的确受到太阳重力的影响而偏折，一如爱因斯坦的预测。

许多科学家因此努力运用重力方程式，尝试建立新的宇宙模型。当时普遍相信宇宙稳定而且永远不改变，但爱因斯坦发现，他的方程式会让引力聚集所有物

艾丁顿与日食观测

艾丁顿在“一战”期间支持德国人爱因斯坦的理论，受到英国国内不少责难，差点被迫上战场而不能筹备日食观测团。英国组成两支队伍，艾丁顿参与的西非观测团一开始还因为天候不佳而相当紧张，还好最后天空晴朗起来，顺利搜集到观测数据。

广义相对论

爱因斯坦认为引力不是牛顿所说的物体间的超距力，而是有质量的物体对时空造成的扭曲。

质，甚至把时空也拉扯进来，最终导致宇宙崩溃。为了不让广义相对论描述的宇宙违反常识，爱因斯坦相信有股斥力可以抵消重力，于是他在方程式中加上一个“宇宙常数”使宇宙维持静态、永恒不变且均匀同质。

荷兰天文学家德希特是爱因斯坦的好朋友，他则找到不一样的解释：宇宙若要稳定不变，那这个宇宙是一个没有物质的封闭空间。当然，没有任何东西的宇宙实在太奇怪，因此德希特加入一点点物质，只要不影响宇宙常数运作就好。

但他也发现，把物质放入这种宇宙，距离我们越远的天体发出的光在光谱上会越偏红光那端，也就是光的波长较长、能量较低，这种现象被称为“红移”。爱因斯坦不赞同德希特的想法，认为这种宇宙只是数学上可行，实际上根本不存在。为了解答德希特的宇宙模型究竟代表什么意义，必须仰赖更多的观测数据，以及更大胆的理论。

宇宙在膨胀

20 世纪开始，许多学者根据相对论而提出各种宇宙模型，其中一位是出生于俄国的弗里德曼。弗里德曼年轻时就喜欢数学，着迷于解决那些复杂又困难的问题；除此之外弗里德曼也热衷社会改革，20 世纪初俄国社会动荡不安，他就曾在学校组织过针对沙皇的大规模抗议。

亚历山大 · 弗里德曼

弗里德曼（1882—1925）是出生于俄国的数学家和宇宙学家。弗里德曼钻研爱因斯坦的相对论，最后发现了宇宙其实会随时间演化，有可能膨胀，也可能收缩。

“一战”结束后，担任飞行员的弗里德曼回国任教，看到艾丁顿靠着观测日食证实广义相对论而深受震撼，便运用自己优异的数学能力钻研爱因斯坦的方程式。

他假设宇宙是“均向”且“均匀”的，也就是无论朝哪个方向，宇宙看起来都相同，而且无论在什么地方观察，前一个假设都成立。1922 年，弗里德曼证明爱因

弗里德曼的宇宙学

弗里德曼在求解爱因斯坦方程式时，假设宇宙均匀（左上图）且均向（右上图）。后来这两项假设也成为宇宙学基本原理之一。

乔治 · 勒梅特

勒梅特（1894—1966）是比利时的天主教神父和宇宙学家。他学习神学也研究相对论，成为最早提出宇宙在膨胀的学者之一。

斯坦与德希特的静态宇宙只是特例，宇宙其实会随时间演化，有可能膨胀，也可能收缩。这样一来，宇宙常数就变得没有必要，爱因斯坦不太重视弗里德曼的理论，他认为这只是数学，真实宇宙仍是静态的。

1927 年，比利时一位天主教神父勒梅特也从爱因斯坦的方程式中发现宇宙可能会膨胀的线索。经历“一战”的勒梅特无法理解战场上的残酷，战争结束后决心进入修道院学习神学，同时研究喜爱的数学。他曾跟着艾丁顿学习，一起讨论相对论，也求解爱因斯坦方程式。

和弗里德曼一样，勒梅特发现爱因斯坦与德希特的模型只是方程式的特例；德希特的模型经过修改，红移现象会变成膨胀宇宙的特征，空间中每个点都不断在远离彼此。

勒梅特也注意到史立佛曾观测到有些遥远的星云正迅速远离我们，他认为若是测量这些天体远离我们的速率与距离，便能发现两者有一种比例关系，代表天体距离我们越远，远离我们的速率越快。

但是，勒梅特的成果和弗里德曼一样不受重视，

哈勃定律

哈勃与赫马森测量了距离我们较近的数十个星系，并绘制成距离与速度之间关系的图表，发现星系远离我们的速度和该星系与我们的距离成正比，这便是哈勃定律。

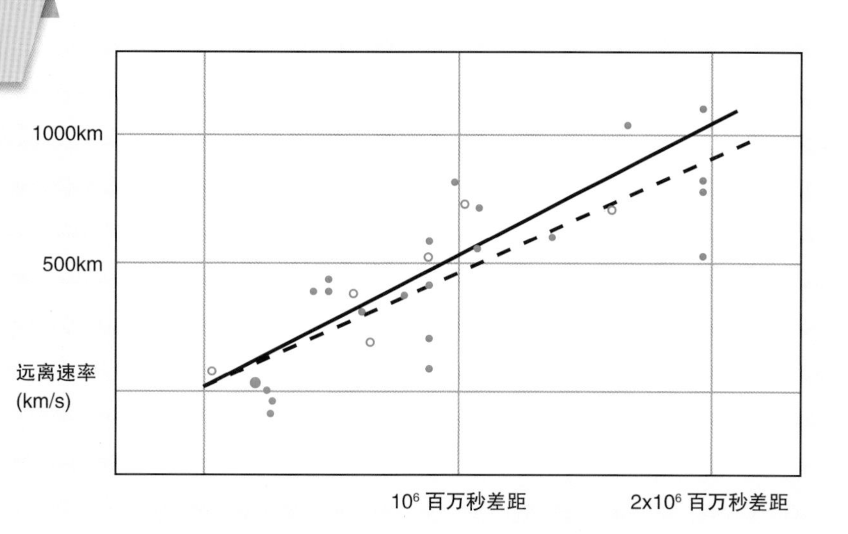

爱因斯坦当然不相信宇宙会膨胀，他甚至曾对勒梅特说：“你的数学计算是正确的，但是你的物理很糟糕。”

这时候的哈勃刚发现宇宙比以往所知还大，他也刚好听说了德希特模型中的红移现象，于是决定着手寻找证据。他和同事赫马森分工，赫马森观测星系的红移现象来估计星系远离我们的速度，哈勃则来计算这个星系与地球的距离。

1929 年，哈勃把数十个星系远离我们的速度和它们与地球的距离绘制成图表，发现星系距离我们越远，红移现象越大，代表远离我们的速度越快。虽然勒梅特早就提出宇宙膨胀的模型，但是经过哈勃努力向学界宣传他的观测证据，以及他计算出的哈勃常数，宇宙膨胀的现象才逐渐被科学家接受。

大爆炸与原初核合成

艾丁顿在 1930 年写了一篇文章讨论德希特的模型及哈勃最新的观测结果，勒梅特读了之后相当惊讶，直说：“这不就是我之前推导出来的膨胀宇宙吗？”

勒梅特根据宇宙膨胀，提出宇宙可能诞生自一颗“原初宇宙蛋”，当这颗蛋爆炸时，宇宙便开始不断膨胀，天体从其中陆续出现。这成为大爆炸理论的先声。

原子结构

20 世纪纪初，科学家想了解原子里到底是什么样子，因此进行了许多实验。新西兰科学家卢瑟福因此提出一个原子模型，原子里有带正电的原子核和带负电的电子。后来科学家更进一步发现，原子核是由带正电的质子与不带电的中子所组成。

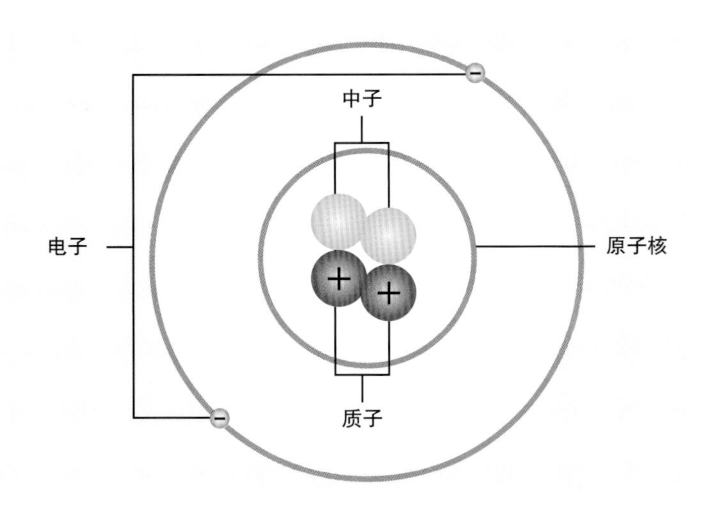

但艾丁顿完全没提到勒梅特的贡献，于是他赶紧写信给艾丁顿。

艾丁顿这才想起这位学生的理论，惭愧之余开始帮勒梅特宣传他的宇宙模型。勒梅特的理论很快地传遍科学界，德希特在写给沙普利的一封信中便提到："我在勒梅特的研究里找到了答案！"

下图是由美国国家标准局于 1950 年所开发的一款计算机，阿尔弗当年就是利用类似的计算机进行计算。

勒梅特进一步思考，如果宇宙真的在膨胀，那把时间往前推，必定有个时间点，时空中的一切都挤在一起，而这或许就是宇宙万物的起源！勒梅特因此认为：宇宙最初可能诞生自一颗"原初宇宙蛋"，当这颗蛋爆炸时，宇宙便开始不断膨胀，天体从其中陆续出现。他比喻："我们现在的宇宙就是很久以前一场灿烂烟火的灰尘与余烬。"

1933 年，勒梅特、哈勃与爱因斯坦齐聚美国加州理工学院参加研讨会。当勒梅特把他的理论一步步说清楚后，演讲一结束，全程听完的爱因斯坦站起来说："这是我所听过的关于宇宙起源最美丽、最令人满意的解释。"很快，爱因斯坦抛弃自己的"宇宙常数"，终于接纳了一个会演变的宇宙。

支持勒梅特理论的证据除了哈勃等人的星云观测，更来自天文学家和宇宙学家想象不到的地方。

如果还记得古希腊哲学家恩培多克勒，他曾认为宇宙有四种基本元素，德谟克利特也提出万物是由微小的原子所组成；到了 20 世纪，元素和古希腊人所说的已全然不同，现在已知的元素就超过 100 种，而元素又是由原子所组成，只不过也和古希腊的原子论很不一样：当时科学家已知一般物质的基础是原子，原子里又有质子、电子和中子等粒子。

这么多元素和粒子怎么混在一起而创造出宇宙万物？它们又从何而来？这成为当时的大问题。苏联核物理学家伽莫夫在 1933 年去比利时参加研讨会时，借机离开苏联，1934 年移居美国，开始研究各种元素的来源。他和学生阿尔弗突发奇想，把脑筋动到勒梅特的原初宇宙蛋上，他们认为宇宙初期是一团非常热的物质，其中有质子、电子、中子和大量高能辐射，他们把这种物质称为“ylem”，这个词来自中古英语，意为“物质”。

阿尔弗继续用当时刚发明不久的计算机来计算，他发现宇宙发生爆炸后，最简单的氢原子会从这团大火球中诞生，接着会持续捕捉中子壮大自己，变成更大的原子核，形成其他元素。他们计算出宇宙中氢和氦元素的相对比例，后来的观测也证实了他们的理论，氦大约占宇宙中一般物质的 1/4，氢则几乎占了剩下的 3/4。

喜欢恶作剧的伽莫夫在发表研究成果时，决定把他们的科学家朋友贝特也列为作者，这样一来，这篇文章三位作者的姓刚好组成希腊字母的 α、β 和 γ。这项研究除了解答宇宙中氢和氦的来源，也成为勒梅特理论的坚实证据之一。

乔治·伽莫夫

伽莫夫（1904—1968）（上图中最右侧）是移居美国的苏联物理学家和宇宙学家、科普作家，“热大爆炸宇宙学”模型的创立者，为宇宙学发展奠定基础。

宇宙如何演化
现代宇宙学与未解之谜

稳态理论三人组

霍伊尔（上）、邦迪（中）和高德（下）在“二战”时为英国研发雷达技术而相识，战后一同在剑桥大学任职。三人常在晚上相聚，讨论感兴趣的科学问题。

稳态宇宙与大爆炸争论

伽莫夫和阿尔弗的理论其实只对了99%，他们发现，氦无法继续捕捉中子来变成稳定的元素。碳这类更重的元素到底从哪来?

这个问题最后由英国的霍伊尔和美国的佛勒等科学家解开：大多数元素是靠恒星内部的核反应，从氢与氦逐步合成而来；当巨大恒星生命结束时发生大爆炸（称为超新星），在超高热环境下，比铁更重的元素便出现，随着超新星爆炸四散宇宙各处，成为其他恒星诞生的原料。

佛勒用实验证实这项理论而得到诺贝尔奖，提出理论的霍伊尔却没获奖。有人认为，这可能和霍伊尔对宇宙诞生的看法有关。

在哈勃的宇宙膨胀与伽莫夫的轻元素合成等证据支持下，宇宙诞生自一场爆炸的想法逐渐为科学界所知。天生反抗权威的霍伊尔和朋友邦迪与高德则不认同。霍伊尔甚至在英国广播公司（BBC）的节目中表示这理论太不合理，并嘲讽地说：“这就像是说宇宙一切物质都是在遥远过去某个时刻的一场大爆炸（Big

大爆炸理论的宇宙

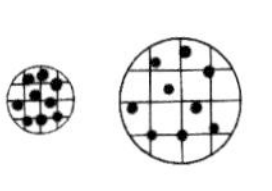 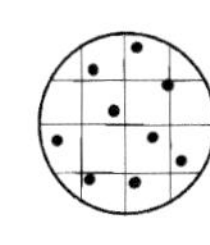 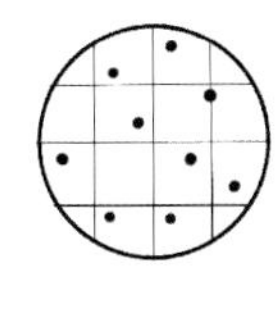 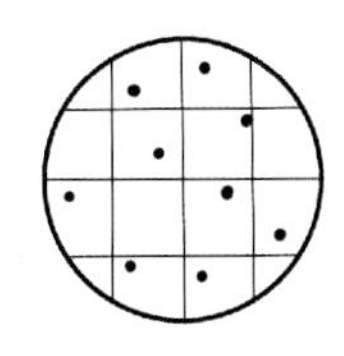 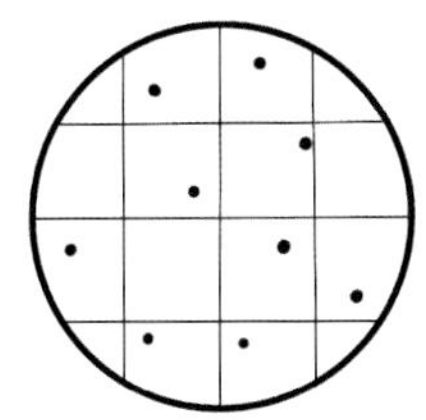

稳态理论的宇宙

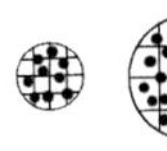 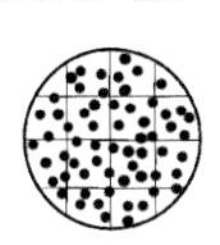 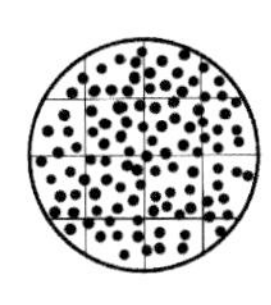 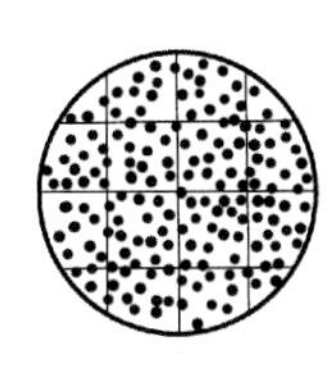 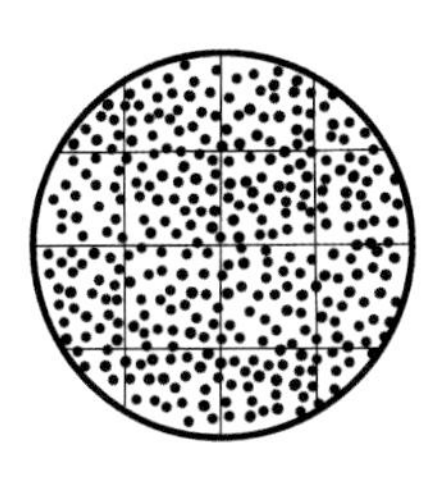

Bang）中诞生！”讽刺的是，“大爆炸”这个词却意外流传，反倒成了勒梅特理论的正式名称。

据说，霍伊尔等人从一部有着循环结构的恐怖电影《夜阑人静》得到灵感，如果宇宙同样没有开头与结束，就这样保持稳定呢？即使宇宙膨胀也没关系，物质与能量会不断被创造出来保持稳定；而且，既然科学家已经摆脱了地心说与银河是宇宙中心的想法，宇宙既然没有中心，那为什么时间一定有起点？

另外，根据宇宙膨胀速率估算，宇宙大约仅 10 亿岁。问题是，当时地球年龄已知超过 20 亿年，宇宙怎么可能比地球年轻？但霍伊尔的稳态理论也缺乏证据，爱因斯坦和许多科学家都不认为宇宙会不断创造新能量与物质。

宇宙理论的争议也蔓延到其他领域：天主教教宗认可大爆炸，因为大爆炸证实宇宙有起点，与《圣经》符合。伽莫夫则认为稳态理论适合共产主义，但苏联科学家认为这两种理论都太不实际。霍伊尔表示稳态理论象征的是自由与反权威。

到底谁对谁错？还得靠一门全新的观测技术，也就是“无线电波天文学”的出现，才有办法提出证据。

电波天文学与宇宙微波背景辐射

一直以来，人类透过可见光观测星空。到了 19 世纪，科学家发现可见光只是电磁波的一个波段，天文学家的视野逐步打开，尝试从更多波段观测星空。

最先发展的是波长从数毫米到数十米的无线电波。1932 年，在美国贝尔实验室工作的杨斯基为了找出跨大西洋无线电话的干扰来源，打造出 30 米长的天线，无意间接收到来自银河盘面的信号。只是当时天文学家不太了解这项技术，因而没有引起重视。年轻工程师雷伯对杨斯基的成果很感兴趣，在自家后院独立建造出世界第一座射电望远镜，制作出第一幅宇宙射电星图。

英国在“二战”时积极发展无线电与雷达，天文学家因而体会到这项新技术的潜力。战后，科学家接收军方设备，打造射电望远镜，“射电天文学”出现。脾气暴躁的莱尔便是其中一位，他在英国剑桥大学组织研究团队，找出数千颗发出无线电波的天体。

射电望远镜

雷伯建造出已具雏形的第一座射电望远镜。

20 世纪 50 年代，他发现这些观测的射电星其实位于银河系之外，而且较远、较黯淡的射电星比更近、更明亮的还多。这符合大爆炸理论，宇宙若会演变，天体在过去（较远）应该更紧密。但莱尔的数据并不精确，被霍伊尔等人指出错误后他不服气，努力改进观测的精确度，多次攻击稳态理论。

就在两方阵营持续攻防之间，美国普林斯顿大学的迪克与皮伯斯组织了一个观测团队，尝试找出宇宙诞生的痕迹。伽莫夫和阿尔弗曾预测，宇宙在爆炸后，高能量的光四处穿梭，随着宇宙膨胀与冷却，这些光也慢慢降温，成为黯淡且几乎不可见的背景光。

迪克与皮伯斯计算出这道背景光现在的温度，大约落在微波波段，并设计实验寻找这个大爆炸的“化石”。这时他们却接到一通电话，来自完全不同研究的两位电波工程师，询问他们接收到一个无所不在的微波信号是什么。迪克和皮伯斯立即了解到，他们寻找的“宇宙微波背景辐射”（CMB）已经早一步被发现了。

这两位突然冒出的工程师是贝尔实验室的彭齐亚斯和威尔逊，他们用非常敏锐的号角型天线进行研究，但始终接收到一个来自四面八方的微波噪声。他们用尽各种方法都找不出噪声的来源，甚至以为是在天线内筑巢的鸽子害的。就在两人准备放弃时，彭齐亚斯听说了迪克的研究，燃起一线希望。

两组科学家确定这个信号就是一直在寻找的大爆炸证据，彭齐亚斯和威尔逊向科学界报告发现，迪克和皮伯斯再做出解释。这项发现立刻造成轰动，连霍伊尔都承认稳态论可能要修正，科学家终于认真看待大爆炸，并抛弃稳态理论。

1978 年，彭齐亚斯和威尔逊得到诺贝尔奖，宇宙学正式成为一门可由实验与观测检验的科学。

听见大爆炸的声音

上图为彭齐亚斯与威尔逊和发现宇宙微波背景辐射的号角型天线。

宇宙微波背景辐射 CMB

彭齐亚斯与威尔逊的发现其实并不能保证来自 CMB，后续更多波长的观测才证实结果的确符合大爆炸理论的预测。下图为 2000 年发射的威尔金森微波各向异性探测器（WMAP）观测的更精细的全天 CMB 图像。

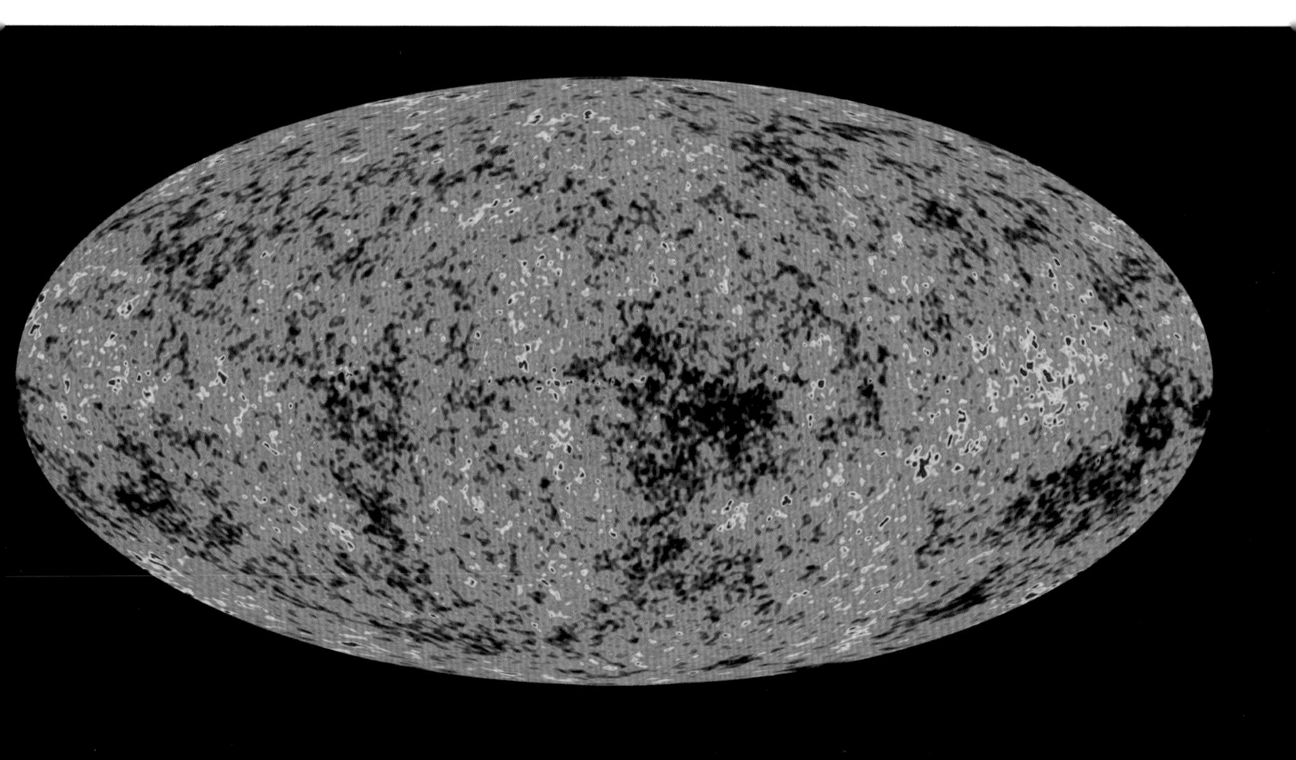

观测黑洞

我们虽然无法直接观测黑洞，但可以间接推测出黑洞的存在。上图为天鹅座 X-1 双星系统的假想图，黑洞不断把旁边巨大恒星的物质吸过去，形成一个绕行黑洞的物质盘，部分物质也会再从黑洞的两极喷射出去。

罗伯特·欧本海默

欧本海默（1904—1967）在战后可能因为反对美国制造氢弹，而在敏感的社会氛围下被列入黑名单，导致他相当沮丧，即使出席学术会议也相当低调。

黑洞简史

宇宙膨胀、轻元素生成与微波背景辐射是大爆炸理论的绝佳证据，但宇宙还有很多奇妙难解的问题，其中一个就是“黑洞”。

早在 18、19 世纪，英国的米契尔和法国数学家拉普拉斯就推测这种黑暗天体可能存在，并计算出它若和太阳一样重，半径只有 6 千米就能把光线拉回去。

1916 年，德国天文学家史瓦西在研究广义相对论时发现，如果质量极大的天体压缩到很小，就会被一个曲面包起来，光和所有东西都无法逃出去，然而，史瓦西的想法并不受重视。

随着恒星诞生的谜团解开，科学家开始对恒星如何死亡感到好奇。印度物理学家钱卓塞卡发现，当恒星质量超过太阳的 1.44 倍，恒星在末期便无法承受自身重力的拉扯而持续往内塌缩。同时，美国科学家欧本海默运用专门研究微小世界的量子力学，发现当恒星质量超过三个太阳，在生命末期会塌缩成一个没有体积、密度无限大的“奇异点”，被史瓦西预测的曲面完全包起来，与外界失去联系。

直到 20 世纪 50 年代，研究原子核物理的惠勒，开始对广义相对论和欧本海默的奇异点感到好奇，他不相信奇异点，曾与欧本海默辩论，也尝试很多途径来阻止恒星塌缩。随着计算机技术的进步，科学家对巨大恒星的死亡进行模拟，奇异点必然发生。惠勒因此成为奇异点理论的拥护者。

约翰·惠勒

惠勒（1911—2008）曾参与部分的原子弹计划，后来开始研究广义相对论与奇异点，靠着计算机运算结果，才终于相信黑洞的存在。

不过，黑洞之所以被称为“黑洞”，是惠勒在 1967 年一场学术会议上，提到好几次“重力塌缩物体”，直到有人举手发问：“为什么不叫它黑洞？”“黑洞”这个名词才正式确定。

为了发现黑洞，苏联物理学家泽多维奇提议寻找看起来单独存在的恒星，但运动方式像是在绕行某个不可见的物体，便有机会间接看见黑洞。

20 世纪 70 年代，天文学家观测到天鹅座 X-1 发出迅速变化的 X 光信号，认为这是恒星气体受附近黑洞影响而放出的高能量 X 光；无线电与可见光波的观测也显示，这块区域极有可能藏着一颗比八个太阳还重的黑洞。这也成为发现黑洞可能存在的第一个证据。

科学家逐渐接受黑洞假说，并且相信一切事物都逃不出它的手掌心，霍金在 20 世纪 70 年代提出，透过一些微观的量子效应，黑洞还是有机会吐出一些东西并发光，霍金把这个过程称作“黑洞蒸发”。虽然大部分物理学家对此感到怀疑，但霍金以前的老师夏玛很快就理解到这项发现的重要，称霍金的发现是“物理史上最美的论文之一”。

史蒂芬·霍金

1963 年，还在剑桥大学就读的霍金（1942—2018）被诊断罹患肌萎缩性偏侧硬化症（ALS，俗称渐冻人症），医生认为只剩两年寿命，但霍金最后多活了 55 年。虽然一生受限于轮椅与各种仪器的帮助，但霍金不仅努力拓展物理学的界线，也积极把科学普及给一般人。下图为霍金于 2007 年体验无重力环境的照片。

弗里茨·兹威基

兹威基(1898—1974)是瑞士的天文学家。鲁莽但充满进取心的兹威基常提出要很久以后才能被证实的狂野想法，除了暗物质以外他也提出中子星相关的理论。

薇拉·鲁宾

鲁宾(1928—2016)是美国的天文学家，从小受父亲影响而热爱天文，但求学与研究之路屡遇阻挠。当她在20世纪70年代提出星系与暗物质的关系时，也遭遇大部分科学家反对。直到观测证实了鲁宾的研究，她才逐渐在天文学界站稳脚跟，并成为自卡罗琳·赫歇尔以来第二位得到英国皇家天文学会金质奖章的女科学家。

暗宇宙

然而，宇宙中似乎还有很多应该存在，但科学家无论怎样也观测不到的物质与能量存在。

20世纪30年代，美国物理学家兹威基在研究后发星团时，他把看得见的物体质量全加起来，再测量星团中星系的移动速率，发现星系跑得实在太快了，他计算出的星团总质量施加的引力无法拉住这些飞奔的星系。“一定还有我们看不见的‘迷踪物质’，甚至比一般物质还重100倍！”兹威基这么认定。

40年后，美国天文学家福特与鲁宾正在研究仙女座星系。他们测量星系内外氢气的速度，预期星系内的氢气应该比外面快，却发现星系外的氢气跑得飞快。鲁宾认为，如果不是一些黑暗、看不见的物质围绕在星系附近，恒星早就飞奔离开了。

后来，根据更多观测与计算机模拟，科学家认为这些“暗物质”就像一团光晕围绕着星系，螺旋和椭圆星系靠它们才能稳定，而且这些未知的东西占了宇宙的90%以上。那么，这些不发光发热，几乎仅靠重力与一般物质互动的暗物质到底是什么？又要用什么办法才能观测？

科学家提出许多可能，一些暗物质可能是某些跑得快而几乎没有质量的微中子，但大部分暗物质应该是运动缓慢的“冷暗物质”。这些冷暗物质可能是某种弱作用大质量粒子（WIMP）、轴子（据说是根据某种强力清洁剂而命名）或是大爆炸时诞生的小黑洞，至于哪种正确，或有其他可能，科学家还没有答案。

除了暗物质，宇宙中可能还有暗能量。暗能量和暗物质不同，源头是爱因斯坦当初为了维持宇宙稳定，而在重力方程式中加入一种宇宙常数，来产生斥力抗衡重力。这个想法后来因为哈勃证实宇宙在膨胀而被爱因斯坦抛弃，但是宇宙常数仍常常回来纠缠着科学家。

勒梅特、艾丁顿与霍伊尔在研究上都曾引用过宇宙常数的概念，勒梅特还曾推论宇宙常数就是真空的能量密度。但是这些研究都无法解决理论和观测在数值上具有极大差异的问题。

直到 1998 年，参与“超新星宇宙学计划”及“高红移超新星搜寻计划”的天文学家发现，宇宙并没有

暗物质与暗能量比重

宇宙总质能

5%：重子物质

由原子构成，这类物质组成所有的星系、恒星、行星与地球生命。我们可以直接观测到它们。

68%：暗能量

宇宙似乎主要由“暗能量”所构成。科学家把宇宙加速膨胀的原因称为暗能量。

27%：非重子物质

科学家认为，暗物质是已知物质之外的物质，除了通过重力，很难与一般物质产生交互作用（如果真的有交互作用）。

冷暗物质

热暗物质

观测结果认为暗物质主要是“冷”暗物质，其运动速率远小于光速。因此，冷暗物质比运动速率大的“热”暗物质更加密集。

弱作用大质量粒子(WIMP)

弱作用大质量粒子是最广为接受的理论，不过从来没有在实验中观测到它。

轴子(axion)

质量比 WIMP 小。因此，数量上需更多才能符合暗物质的条件。

重惰性微中子

已知三种微中子外的未知微中子，更不易与一般粒子发生交互作用。

低质量黑洞

大量低质量黑洞可符合宇宙中不可见物质的质量。

其他理论

理论物理学家提出许多可能性，包括通过新的基本作用力产生交互作用的粒子，以及与质子、中子及电子交互作用的暗物质原子。

像以往所想的，重力会让膨胀速率减缓，宇宙这 60 亿年其实一直在加速膨胀中。这代表除了重力之外，宇宙中必定有些类似宇宙常数的效应会产生斥力，造成宇宙膨胀得越来越快。许多科学家便以“暗能量”来称呼这种未知的东西。

现在科学家已知，恒星与星系这些我们看得到的物质只占了宇宙总质能的 5%，宇宙中有 1/4 是所谓的暗物质，而剩下将近 3/4 都是暗能量。目前已经有模型把一般物质、冷暗物质、暗能量与大爆炸预测的效应都纳入进来，但是暗物质与暗能量到底是什么？它们真的就是某种物质或能量吗？科学家还在寻找答案。

暴胀与宇宙大尺度结构

大爆炸虽然告诉我们宇宙如何演化，但星系、星系团与超星系是怎么出现，和宇宙的演化有什么关系？

20 世纪 60 年代以后，科学家逐渐发现，很多条件必须调整得刚刚好，宇宙才会像我们现在看到的模样，如果宇宙的质量密度超过某个值，重力就会让宇宙膨胀变慢，甚至最终塌缩成一个点；相反地，宇宙扩张也不能太快，否则宇宙最终将是一片死寂。因此出现“人本原理”：宇宙之所以是这样，正是因为我们存在；只要

多重宇宙

根据暴胀理论，早期宇宙在急遽膨胀时，某些区域的膨胀比其他区域早结束，形成自成一格的“泡泡宇宙”，就像沸水中的泡泡一样，我们的宇宙只是无限多颗泡泡之一。

任何一个物理定律或常数稍有差池，人类就不会存在。有人进一步推论出多重宇宙概念，我们的宇宙很可能只是无数拥有不同物理定律的宇宙之一。

1981 年，美国粒子物理学家古斯提出，在某些状态下，非常早期的宇宙会在很短的时间内急速膨胀，他称这段过程为“暴胀”。不论宇宙一开始的质量分布如何，暴胀都会抹平几乎所有差异，让这个宇宙适合存在。

暴胀也能解释星系的来源，宇宙在大尺度下虽然均匀，但如果宇宙初期有微小的能量起伏，暴胀可以保留这些起伏，并让它们迅速扩大，形成微小但四散宇宙各处的“涟漪”，星系等结构便会从这些涟漪中诞生。

1992 年的宇宙背景探索者计划（COBE），发射卫星观测宇宙微波背景辐射，尝试从均匀的背景辐射中寻找任何极细微的不均匀性。COBE 相当成功，除了以前所未有的精确度再次验证大爆炸，也首度寻找到那微小的涟漪，支持了暴胀理论。

数千年来，人类运用想象力与各种方法来解释我们的世界或宇宙，过去近半个世纪，宇宙学才转变成为一门可以经由观测与实验检验的科学，扭转了我们对于时空与宇宙的想象，并随时有令人难以置信的新想法与新发现。

科学家也不禁运用想象力推测：宇宙未来的命运是什么？霍金说：“宇宙的命运，取决于暗能量的作用。”会塌缩或是继续加速膨胀？科学家还不知道。当然，霍金建议只要找出前往另一个宇宙的方法即可，而且我们还有几百亿年可以好好想想。

宇宙背景探索者计划（COBE）

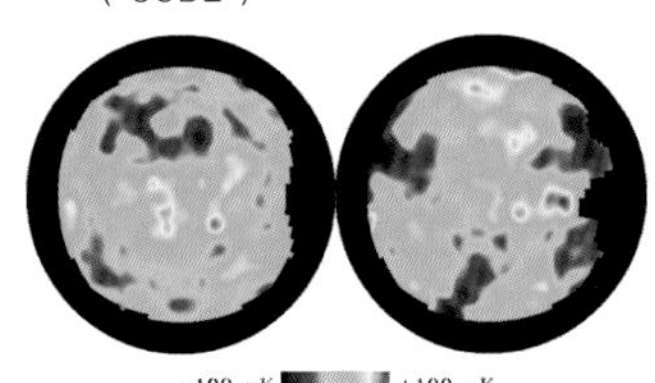

寻找微小的涟漪

宇宙整体看起来相当均匀，但太均匀并不好，我们的地球、太阳与星系需要靠宇宙中物质一点点不均匀的分布才能形成。暴胀理论预测，大爆炸后一些微小的能量起伏会在暴胀时保留下来，成为星系形成的种子。宇宙背景探索者计划（COBE）观测宇宙微波背景辐射时侦测到这些微小能量差异的涟漪，成为支持暴胀理论的证据之一。

公元145年　476年　7世纪　1274年　1543年　1580年　1609年　1644年　1687年　1755年　1790年　1796年　181

《天文学大成》

罗马时代天文学家托勒密承继亚里士多德，采用修正的“本轮－均轮”宇宙模型，影响欧洲宇宙观1400多年。

西罗马帝国灭亡。

史诗《埃达》

冰岛史诗，北欧人创作气氛深沉又悲壮的创世神话。

《神学大全》

意大利学者托马斯·阿奎纳相信，哲学与神学都能通往真理，努力结合亚里士多德的宇宙观与基督教世界观。

《天体运行论》

波兰天文学家哥白尼提出被遗忘很久的“日心说”：太阳是宇宙中心，地球和其他行星则绕行太阳。这个模型改变了西方人对宇宙的认识。

第谷的天文台完工，累积了大量天文观测资料，成为开普勒研究的基础。

伽利略透过自制望远镜，看见从古至今没人看过的宇宙，发现月球表面其实凹凹凸凸，找到更多恒星以及木星的四颗卫星。

《新天文学》：开普勒提出“行星运动三大定律”。第一定律描述行星不是沿圆形轨道等速运行，而采取椭圆轨道，太阳位于椭圆的一个焦点。这项发现让亚里士多德的宇宙观正式走入历史。

《哲学原理》：笛卡儿在书中提到“涡旋宇宙”，他认为宇宙无限大并充满物质。这些物质彼此摩擦、推挤与碰撞，使行星绕着太阳进行“涡旋运动”。

《自然哲学的数学原理》

牛顿提出“万有引力”，并认为上帝设计了静止且平衡的宇宙，天体借引力运动。上帝就像钟表匠，会随时帮宇宙重新上发条，避免宇宙失去平衡而崩毁。

德国哲学家康德提出“岛宇宙”理论，认为每个遥远的星云都像一座岛，里头有无数颗和太阳一样的恒星。

威廉·赫歇尔发现被昏暗光晕围绕的行星状星云，改变自己对星云的看法，认为发光的星云物质的确存在，并认为自己看到星云凝聚成恒星的过程。

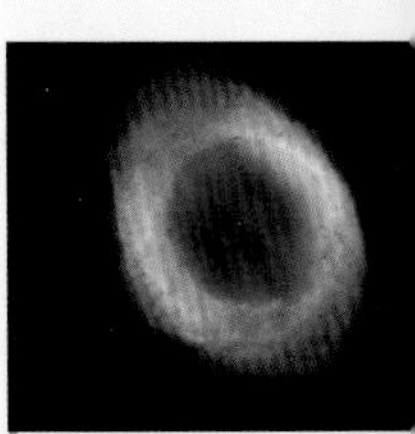

《宇宙体系论》

法国科学家拉普拉斯提出“星云假说”，太阳系最初可能是由一团不断旋转的星团物质聚集而成，周围许多残屑继续绕行太阳，在一连串碰撞、压缩与聚合后成为行星。

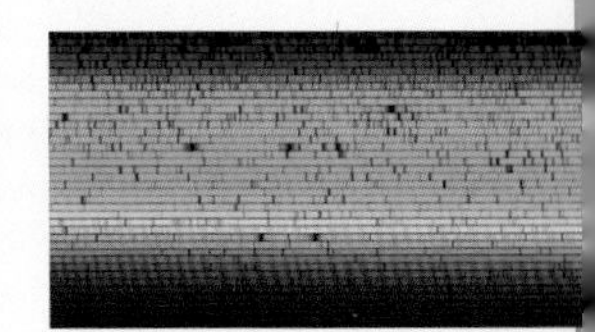

德国的夫琅禾费透过棱镜观察穿过窄缝的阳光，发现太阳的彩虹光谱中有数百条黑色细线。

宇宙学大事年表

公元前2600年

古埃及人开始建造金字塔，在内部刻下描述循环宇宙观的死者之书。

公元前2000年

古巴比伦人开始统治两河流域，写下史诗《埃努玛·埃利什》，描述了宇宙的样貌与诸神创世的过程。
印度教的宇宙观开始成形。

公元前1323年

《波斯古经》

祆教经典，呈现波斯人强调善恶二元对立的宇宙观。

公元前13世纪

希伯来人定居迦南，发展一神信仰。

公元前11世纪

西周盖天说出现。

公元前8世纪

《伊利亚德》《奥德赛》与《神谱》

希腊人建立以诸神为主的创世神话。

公元前6世纪

米利都学派

泰勒斯、阿那克西曼德与阿那克西美尼三位古希腊自然哲学家，认为宇宙万物可由一种简单又常见的物质而来，有别于神话的宇宙观。

公元前5世纪

战国时代浑天说出现。
希腊的德谟克利特开创原子论，宇宙中没有东西无中生有或摧毁，每样东西都是由微小的“原子”组成。

公元前360年

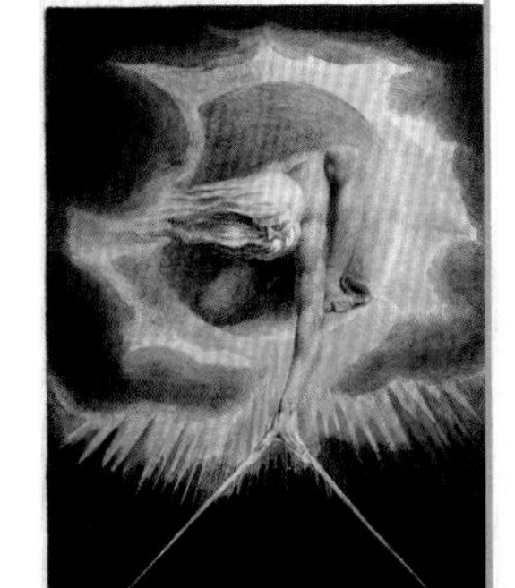

《蒂迈欧斯》

出自柏拉图的《对话录》，他认为宇宙是由一位仁慈又理性的工匠神“德米奥吉”所打造，神根据内心的理性，把原始物质塑造成最完美、真实且有秩序的宇宙万物。

公元前335年

亚里士多德创立雅典学校。他重视人类感官，完成一套详细的理论，认为宇宙是一颗有许多层的球，中心是地球，外围则是一层一层运行的天球。影响后来的天文学家与托勒密。

公元前334年

亚历山大击败波斯大军，开始建立横跨欧亚的亚历山大帝国。

宇宙简史

20 世纪中期以后，科学家对宇宙的了解大幅增加。我们现在认为，根据大爆炸理论，宇宙诞生自一个密度无限大的奇异点，物质与能量被制造出来，然后在很短很短的时间内宇宙便开始暴胀，之后各种粒子开始出现，宇宙在诞生的瞬间后逐渐成为一锅由质子、电子、光子与少数其他粒子所构成的高热电浆。

不久后，最早的氢与氦原子核开始融合形成。然而宇宙的温度仍然很高，光子不断受带电的电浆散射而无法传递出去。随着宇宙扩张逐渐冷却，物质也慢慢在几万年内成为宇宙主要成分，直到大约 38 万年，氢与氦等原子出现，光子汇聚成光束，宇宙终于变得透明，这些光便是我们现在观测到的宇宙微波背景辐射（CMB）。

在宇宙发出 CMB 之后经历一段黯淡无光的黑暗期，过了大约 1 亿年，第一代恒星开始形成，传出宇宙第一道星光。接下来数十亿年主要由暗物质组成的星系及星系团等大结构开始形成。

从距今 60 亿年开始，暗能量主宰，宇宙进入加速膨胀的时代。而大约在 50 亿年前，我们的太阳系和地球终于诞生。

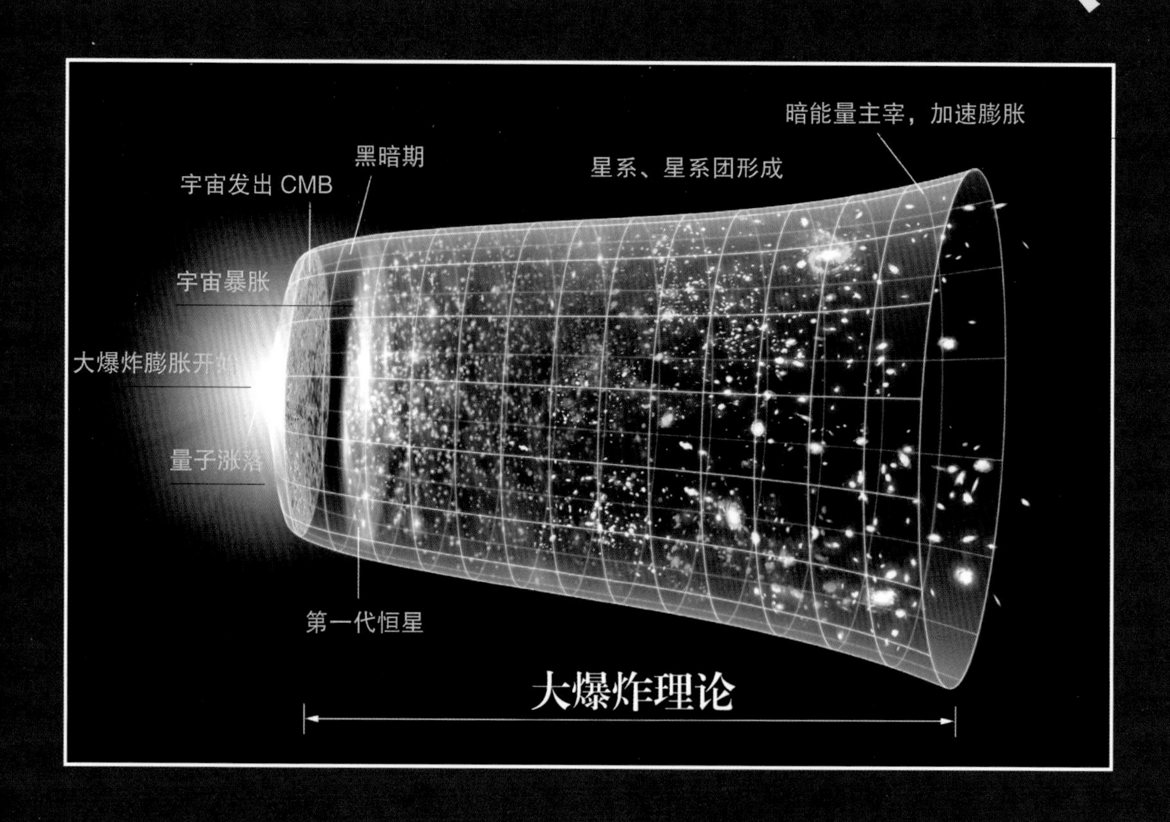

10^{-43} 秒

空间与时间解离；有意义的时间起点

10^{-33} 秒

宇宙暴胀制造了物质成团的种子

10^{-4} 秒

质子形成

1 万年

7 万年

物质成为宇宙主要的成分；物质团块开始成长

10 万年

40 万年

再复合：中性原子形成，释放出微波背景

黑暗期

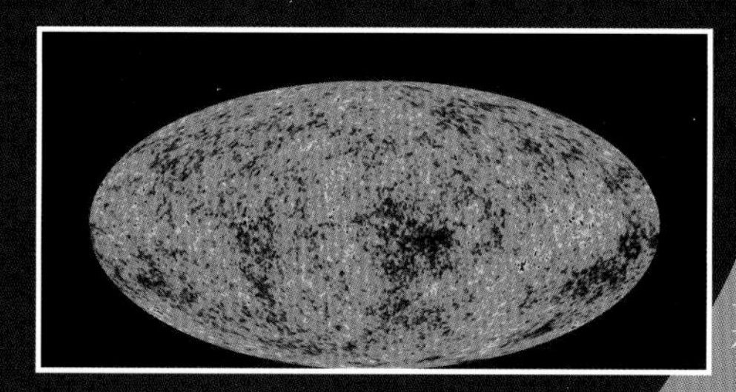

威尔金森微波各向异性探测器描绘的微波背景图

100 万年

1000 万年

1 亿年

第一代恒星形成并开始游离星系际气体

10 亿年

目前观测的极限：大型星系已形成；所有的游离过程已完成

哈勃极深视野中的古老星系

40 亿年

恒星形成的高峰；恒星形成率开始下降

90 亿年

太阳与地球诞生

100 亿年

138 亿年

今天

红外光下所见的仙女座星系（M31）

勒梅特根据宇宙膨胀，提出宇宙可能诞生自一颗“原初宇宙蛋”，当这颗蛋爆炸时，宇宙便开始不断膨胀，天体从其中陆续出现。这成为大爆炸理论的雏形。

美国贝尔实验室的杨斯基打造出 30 米长的天线，接收到来自银河盘面的信号，开启射电天文学。

美国物理学家兹威基发现，星团总质量所施加的引力无法拉住其中的星系，推测宇宙中必定有看不见的“迷踪物质”存在。

美国科学家欧本海默和史奈德运用量子力学发现，超过三个太阳质量的恒星在末期会塌缩成一个没有体积、密度无限大的“奇异点”，被史瓦西曲面完全包起来，与外界失去联系。

α、β 和 γ 论文发表

苏联核物理学家伽莫夫和学生阿尔弗认为宇宙中的氢和氦元素是大爆炸后出现，并计算出两种元素的相对比例，后来的观测证实了他们的理论，成为勒梅特理论的坚实证据之一。

英国的霍伊尔在广播节目以讽刺的口吻创造“大爆炸”来描述勒梅特的理论。霍伊尔不支持大爆炸，他提出“稳态理论”，认为宇宙没有开头也没有结束，物质与能量会不断被创造出来维持稳定。

贝尔实验室的彭齐亚斯和威尔逊用敏锐的号角型天线接收到伽莫夫和阿尔弗曾预测的宇宙在大爆炸后所发出的背景光。“宇宙微波背景辐射”，成为大爆炸理论的重要证据。

美国科学家惠勒根据计算机仿真巨大恒星死亡的结果，相信奇异点必然发生。惠勒因此成为奇异点理论的拥护者，并在该年的学术会议上，正式把“重力塌缩物体”命名为“黑洞”。

英国科学家霍金提出，通过量子效应，黑洞还是有机会吐出一些东西并发光。这个过程被称作“黑洞蒸发”。

美国天文学家福特与鲁宾研究仙女座星系，认为一定有黑暗、看不见的“暗物质”围绕在星系附近，维持整个星系的结构。

美国粒子物理学家古斯提出，早期宇宙会在很短的时间内“暴胀”。

天文学家史慕特和马德主持宇宙背景探索者计划（COBE），发射卫星观测宇宙微波背景辐射，以前所未有的精确度再次验证大爆炸理论，也首度找到支持暴胀理论的证据。

“超新星宇宙学计划”及“高红移超新星搜寻计划”的天文学家发现宇宙这 60 亿年其实一直在加速膨胀。许多科学家以“暗能量”来称呼这种让宇宙膨胀得越来越快的东西。

1930 年　1932 年　1933 年　1939 年　1948 年　1950 年　1963 年　1967 年　1974 年　1976 年　1981 年　1992 年　1998 年

3年 1859年 1864年 1905年 1906年 1908年 1915年 1916年 1919年 1920年 1922年 1925年 1927年 1929年

约翰·赫歇尔继承父亲的天文学衣钵，并前往非洲好望角，对南半球的星空进行四年多大规模观测。

物理学家基尔霍夫和化学家本生从“钠”火焰中观察太阳光谱，夫琅禾费发现的黑色细线更明显，推测可能是化学元素吸收了特定颜色的光而造成细线。

英国天文学家哈金斯用光谱仪观测行星状星云，发现光谱中充满各种气体的谱线，因此证实，星云的确是气体。

爱因斯坦发表狭义相对论，对时间和空间提出全新概念。

荷兰天文学家卡普坦主导“天区计划”，搜集整理全球超过40个天文台的资料，发现银河系像一个扁平的盘子，直径约5万光年，银河系外没有任何恒星。

美国的勒维特发现“周光关系”——造父变星亮度改变的周期越长，该星就越亮。此关系可以推算星团的距离。

爱因斯坦写下重力方程式，完成广义相对论，描述物质间的引力是透过弯曲的时空来传递，并预测连光都会受到强大重力影响。

荷兰天文学家德希特研究爱因斯坦方程式，发现距离我们越远的天体发出的光在光谱上会越偏红光那端，也就是光的波长较长、能量较低，称为“德希特红移”。德国天文学家史瓦西从爱因斯坦方程式中发现，质量极大的天体若压缩到很小，就会被一个曲面包起来，光和所有东西都无法逃出去，预测了黑洞的存在。

英国的艾丁顿爵士借日食观测，证实星光的确受到太阳重力的影响而偏折，证实爱因斯坦的广义相对论。

美国天文学家沙普利借由周光关系发现银河系直径可能超过30万光年，比以前想的大上1000倍，太阳系也不再是银河中心。沙普利与“岛宇宙”派的柯蒂斯进行辩论，柯蒂斯强调漩涡状星云和银河系都是各自独立的宇宙。

科学家弗里德曼证明，根据爱因斯坦方程式，宇宙会随时间演化，有可能膨胀，也可能收缩。

美国天文学家哈勃发现仙女座星云距离我们接近100万光年，远超过沙普利估计的银河系大小。证实“岛宇宙”确实存在，银河系不是宇宙唯一的星系。

比利时神父勒梅特也从爱因斯坦方程式中发现宇宙可能会膨胀，德希特红移代表的是空间中每个点都在远离彼此，而且天体远离的速率与距离有一种比例关系，天体距离我们越远，远离的速率越快。

哈勃把数十个星系的速度与距离绘制成图表，同样发现勒梅特预测的星系距离与速度关系，并计算出哈勃常数，宇宙膨胀的现象逐渐被科学家接受。

图书在版编目（CIP）数据

宇宙的故事 / 小牛顿科学教育公司编辑团队编著. -- 北京 : 北京时代华文书局, 2019.9
（小牛顿科学故事馆）
ISBN 978-7-5699-3096-2

Ⅰ. ①宇… Ⅱ. ①小… Ⅲ. ①宇宙－少儿读物 Ⅳ. ①P159-49

中国版本图书馆 CIP 数据核字 (2019) 第 124966 号

版权登记号 01-2019-4932

文稿策划：苍弘萃、吴文正
美术编辑：施心华

图片来源：
Wikipedia：
P6~P12、P15~P17、P20~P27、P29~P30、P32、P34~P38、P40、P42~P43、P47、P49~P50、P52~P57、P59~P60、P62~P64、P66~P70、P74~P78
Shutterstock：
P9~P11、P14、P16、P18~P20、P22、P28、P38、P45、P53、P58、P61、P72、P75~P78
大都会艺术博物馆：
P8
NASA：
P33、P39、P41、P48、P51、P55、P67~P69、P73、P76~P79
P37：wellcomeimages.org
P55：digitalcollections.ucsc.edu

插画：
江伟立：P5
曾 士 铭：P13、P17、P21、P42、P46、P49、P57、P65
施心华：P27、P33、P36、P54、P59~P60、P62
陈瑞松：P30、P32、P39、P60
牛 顿 / 小 牛 顿 资 料 库：P4、P31、P33、P44~P45、P46~P47、P60

宇 宙 的 故 事

Yuzhou de Gushi

编　　著 | 小牛顿科学教育公司编辑团队

出 版 人 | 陈　涛
责任编辑 | 许日春　沙嘉蕊
装帧设计 | 九　野　王艾迪
责任印制 | 刘　银

出版发行 | 北京时代华文书局 http://www.bjsdsj.com.cn
北京市东城区安定门外大街 136 号皇城国际大厦 A 座 8 楼
邮编：100011　电话：010－64267955　64267677
印　　刷 | 小森印刷（北京）有限公司　010-80215073
（如发现印装质量问题，请与印刷厂联系调换）
开　　本 | 787mm×1092mm　1/16　　印　　张 | 5　　字　　数 | 74 千字
版　　次 | 2020 年 1 月第 1 版　　印　　次 | 2020 年 1 月第 1 次印刷
书　　号 | ISBN 978-7-5699-3096-2
定　　价 | 29.80 元